幾何学的ベクトル
Geometrical Vectors
―反変ベクトルと共変ベクトルの図形的理解―

ガブリエル・ワインライヒ
Gabriel Weinreich

富岡 竜太 訳
Tomioka Ryuta

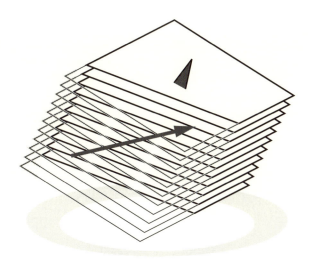

プレアデス出版

Geometrical Vectors
by Gabriel Weinreich

copyright © 1998 by The University of Chicago.
All rights reserved.
Licensed by The University of Chicago Press, Chicago, Illinois, U.S.A
through Japan UNI Agency, Inc., Tokyo

目次

まえがき		v
第1章	プロローグ：本書はどんな本か？	1
1.1	序論	1
1.2	どこから始めるか	2
1.3	何がベクトルでないか	4
1.4	古典的なベクトルはどんなものか	6
1.5	ベクトルは位置を持つか？	8
1.6	座標変換 vs 系のゆがみ	9
1.7	何故トポロジー的不変性が重要なのか？	10
第2章	ベクトルの種類とベクトル演算	13
2.1	何が問題か？	13
2.2	積層	14
2.3	数学的対象の大きさ	16
2.4	直線と平面の方向	17
2.5	矢印と積層の代数	19
2.6	ドット積	22
第3章	その他の演算，その他のベクトル	27

3.1	新しい種類の積		27
3.2	矢印同士のクロス積		28
3.3	極性と軸性		29
3.4	極性と軸性の代数		32
3.5	極性及び軸性スカラー		34
3.6	4番目の，そして最後のベクトル：束		36
3.7	押さえと束の代数		37

第4章 動物園の完成　43

4.1	再掲：不変性の必要性	43
4.2	何がまだ欠けているか？	45
4.3	残されたクロス積	46
4.4	さらなるドット積：スカラー密度と容量	48
4.5	命名法の形式化	50
4.6	「共変」と「反変」の幾何学的意味	53
4.7	スカラー密度またはスカラー容量との積	54

第5章 場と幾何学的計算　57

5.1	場	57
5.2	勾配 (gradient)	59
5.3	回転 (curl)	61
5.4	発散 (divergence)	64
5.5	逆演算	67
5.6	微分演算の意味	68

第6章 座標と成分　71

6.1	座標系	71
6.2	スカラー容量とスカラー密度の基底	74
6.3	矢印と積層の基底	76
6.4	成分に関する積層と矢印のドット積	78

6.5	座標系はどのように異なるか	78
6.6	しかし，直観的には，それはどのように見えるのか？	80

第7章 大代数化規則 85

7.1	規則の言明	85
7.2	残りの基底	86
7.3	成分に関するクロス積	88
7.4	基底たちの方向属性の双属性性	90
7.5	勾配の計算	91
7.6	回転の計算	92
7.7	そして最後に発散を	94

第8章 さようなら，ゴム製の宇宙 99

8.1	測定の必要性	99
8.2	例：電磁場	100
8.3	根底をなすデカルト座標系	101
8.4	違法な演算の合法化；ラプラシアン	103
8.5	ナブラ演算子	106
8.6	直交系	107
8.7	計量	110

第9章 エピローグ： 本書が向かうところ 115

9.1	いくつかの残された問題	115
9.2	次元の数	116
9.3	曲がった空間	117
9.4	不定計量	118
9.5	テンソル解析の性質	119
9.6	結論	120

	目次
訳者あとがき	121
索引	124

まえがき

　ミシガン大学で学部4年生と修士課程1年生への物理学の数学的手法を教えていく過程で，私は既存の教科書がベクトル解析の分野で十分には役立っていないと確信しました．全ての教科書がしばしば，学生がそれ以前の課程で既に学んだことの繰り返しとなっていて，この分野の基礎的な幾何学的構造についての洞察は僅かか，あるいは全く述べられていなかったのです．こうした訳で，数年前から私は『幾何学的ベクトル』という表題で何枚もの非公式な教材を配布するようになったのですが，そこでは教科書の内容が何であれ，独自の議論を展開することにしました．

　これらの教材に対して，同僚たちも学生たちも非常に熱心に支持してくれましたので，出版に適した形に内容を書き直そうと自ずと思うようになったのです．もし完成した本が出版されれば，それが標準的な教科書に加えてもう1冊学生が購入することができるような価格が付けられてさえいたら，世界で唯一の，かなり需要がある本になるだろうということが最初から私にとっては明らかでした．

　そして出版の専門家との話し合いで，ペーパーバックでなら私の原稿を理想的な形で出版できるということが分かりました．そこで私は仕事に取り掛かりました．3年後，その仕事の結果が出，それが今皆さんの目の前にあります．

　本書を企画するにあたって私は，『幾何学的ベクトルおよびテンソル』として両方の分野を議論してそのページ数が2倍になる方を選ぶか，『幾何学的ベクトル』と呼んでそれに対応するように範囲を制限するかを決める必要がありました．テンソル解析は大変美しく，それと同時に初等的な教科書ではベクトル解析のそれらより良いものを望むのは困難だったので，もし最初の案を選んでいたら，残念な仕上がりになっていたことでしょう．また，そ

れにもかかわらず，物理学者たちがテンソルを理解するための実践的要求は，いたるところで使われるベクトルと比較してかなり小さいと言えるでしょう．そして価格の上昇の結果，出来上がった本が，私の見るところ，主要な読者に手が届かなくなるようになるのではないかと心配しました．

　本書における私の極めて大きな"借り"は一般的な意味だけでも余りにも多くのものがあります．そしてそれだから私の深く，そして心からの感謝は，まず継続的に質問をしてくれた私の学生たち，次に私に同じことを教えてくれた私の教師たち，最後に (ただし，最小という意味ではなく)，匿名で批評してくれた幾人もの方々を含む沢山の仲間たち (その会話における厳しい批評は私の理解を現在のような洗練されたものにしてくれました) に捧げます．私は他の方にも，このような理解が役立つことを心から願っています．

ガブリエル・ワインライヒ

アナーバーにて
12 月

第 1 章

プロローグ：
本書はどんな本か？

1.1　序論

　私たちは 3 次元の平坦な空間内に住んでいるか，あるいは少なくともそういう空間にいると思って暮らしています．特殊相対論が私たちに時間を 4 番目の次元として付け加える動機を与え，一般相対論によって私たちの住んでいる空間が曲がっていると考えられるにもかかわらず，それは，全ての三角形の内角の和が 180° であるという制約を与える理由ではありません．それにもかかわらず，通常の 3 次元ユークリッド空間は簡単にいえば，（いろいろな種類の空間がある中で）私たちの想像力が本当の意味で**働く**唯一の空間なのです．

　この事実により，ここでのベクトルの説明はそのような空間内のものに着目するのが適当でしょう．特に 3 次元ベクトルにはある特徴，例えばクロス積があって，それはほかの次元の空間には完全に等価なものが存在しないのです．ここでは知覚や想像などのどんな人間の能力とも関係ない，空間の数学的性質によって生じる側面に触れます．（これはもちろん，そのような特

徴が 2 次元，4 次元または N 次元の空間に一般化できないということを意味するわけではありません．しかし，そのような一般化は常に高い代償を伴い，その結果，少なくとも問題のその概念のいくつかの特性は捨てざるを得なくなってしまいます．) それでも，読者はここでの話が直感的に親しみやすい 3 次元の平坦なユークリッド空間の話であるにもかかわらず，別の種類の空間に一般化するのに十分な土台を提供することを知ることでしょう (9 章参照)．

1.2 どこから始めるか

ここでの議論において，私たちは繰り返しベクトル解析の"古典的な"扱いに触れます[*1]．この意味は，ベクトルは常に矢印で表され，ベクトルの演算はたとえそれが幾何学的に具体性のある対象であったとしても，デカルト座標成分上の代数的 (または微分的) 演算として通常定義されるということです．たとえ読者が物理の大学初年次課程だけでなく多くの中間課程で既にそのようなベクトル解析の古典的な扱いに慣れているとここで仮定するとしても，より進んだ内容に進む前に，ここでそのようなベクトル解析の古典的な扱いの要点と公式をまとめておきましょう．

加法：幾何学的に 2 つのベクトル **A** と **B** は "平行四辺形の法則" によって加えられます．2 つの矢印の根本がまとめられるとそれら 2 つの矢印に対する平行四辺形の法則は完成し，**A** と **B** の和である新しいベクトル **C** が矢印たちの共通の根元から，反対側の頂点へ描かれます．代数的には，**C** の成分は **A** と **B** の対応する成分を加えることによって得られます：

$$\begin{aligned} C_x &= A_x + B_x, \\ C_y &= A_y + B_y, \\ C_z &= A_z + B_z. \end{aligned} \quad (1.2.1)$$

スカラー倍：矢印の長さはスカラー倍されます．もし掛けるスカラーが負なら矢印の向きが逆になります．代数的には各成分がスカラー倍されます．

[*1] 訳注：ここで "古典的" と訳した語は原書では "traditional(伝統的)" となっており，当然，物理学における "非量子論的" を意味するものではありません．

1.2 どこから始めるか

ベクトルのスカラー積 ("ドット積") [*2]：2 つの矢印の長さを掛けて，それからそれらの間の角の余弦 (cos) を掛けます．成分で書くと，

$$\mathbf{A} \cdot \mathbf{B} = A_x B_x + A_y B_y + A_z B_z \tag{1.2.2}$$

となります．

ベクトルのベクトル積 ("クロス積") [*3]：与えられた $\mathbf{A}$ と $\mathbf{B}$ に対して，2 つが張る平行四辺形の面積を大きさ（矢印の長さ）に持ち，$\mathbf{A}$ と $\mathbf{B}$ 両方に垂直で，向きは右手の規則に従う[*4]ようにして新しいベクトルは作られます．成分で書くと，

$$\begin{aligned}(\mathbf{A} \times \mathbf{B})_x &= A_y B_z - A_z B_y, \\ (\mathbf{A} \times \mathbf{B})_y &= A_z B_x - A_x B_z, \\ (\mathbf{A} \times \mathbf{B})_z &= A_x B_y - A_y B_x\end{aligned} \tag{1.2.3}$$

となります．

場の微分演算：この範疇の演算である，勾配 (gradient)，発散 (divergence)，回転 (curl) [*5]は以下の公式の成分でそれぞれ定義されます．

$$\begin{aligned}(\operatorname{grad} \Phi)_x &= \frac{\partial \Phi}{\partial x}, \\ (\operatorname{grad} \Phi)_y &= \frac{\partial \Phi}{\partial y}, \\ (\operatorname{grad} \Phi)_z &= \frac{\partial \Phi}{\partial z};\end{aligned} \tag{1.2.4}$$

$$\operatorname{div} \mathbf{S} = \frac{\partial S_x}{\partial x} + \frac{\partial S_y}{\partial y} + \frac{\partial S_z}{\partial z}; \tag{1.2.5}$$

[*2] 訳注：ご存知のように，通常ドット積と言えば内積を表し，本書でもそうなのですが，本書はのちに様々な型のベクトルに対してこの演算を定義しますので，原書通りベクトルのスカラー積を "ドット積" と呼ぶことにします．なお，相対論ではドット積が負になる場合のある "擬内積" を扱いますが，本書ではほとんど気にする必要はありません．
[*3] 訳注：通常，外積と呼ばれているものですが，やはり原書通りに呼ぶことにします．
[*4] 訳注：$\mathbf{A}$ から $\mathbf{B}$ に向かって右ねじを回すときそのねじの進む方向です．
[*5] 訳注：回転は英語で rotation ともいうので，curl を rot と書く流儀もあります．

$$(\operatorname{curl} \mathbf{F})_x = \frac{\partial F_z}{\partial y} - \frac{\partial F_y}{\partial z},$$
$$(\operatorname{curl} \mathbf{F})_y = \frac{\partial F_x}{\partial z} - \frac{\partial F_z}{\partial x}, \quad (1.2.6)$$
$$(\operatorname{curl} \mathbf{F})_z = \frac{\partial F_y}{\partial x} - \frac{\partial F_x}{\partial y}.$$

通常の本では，幾何学的定義はめったに与えられません．それとは対照的に，本書では代数演算を可能な限り長く避けることにします．それは決して，成分を使うなどした代数演算が原理的に間違っているからではなく，全てのベクトル概念の幾何学的性質の本質を徹底的に混乱させるからです．人間の直感は全てのベクトル概念の幾何学的性質の本質をもっと簡単に理解できるように作られているのです．本書では，少なくとも最初のうちは，全ての定義と全ての演算を単に**幾何学的**であるだけでなく，**トポロジー的**にも定式化するように試みます．つまり，距離の数値的長さや角度を必要とするわけではありません．同じことを別の言い方ですれば私たちは空間がゆがんでもなお有効性を保持し続けるような関係を探しています．

そのようなアプローチが古典的描像にもたらす最初の著しい修正は，4種類の異なるベクトルの概念化の必要性です．そして，そのうちの最初のもののみが，矢印で表す必然性を持ちます．これが最初は不必要な複雑化に見えるとしても，その結果，私たちの幾何学的直観をこの分野の理解のために大いに利用できるようになることが分かるでしょう．私たちは 1.7 節でこの点に触れます．

それでは今から始めましょう．

1.3 何がベクトルでないか

初等的な物理学でよく現れる「ベクトル」の定義は**大きさと向き**を持ったあるものです．文字どおりに解釈すれば，これは自動車を含みます．それは，なんといっても大きさと方向を持っています．そして，思慮深い人が事実そのような間違いを犯さないにもかかわらず，実際，この定義は実体がないことを示しています．言い換えれば，問題は，ある人がベクトルを自動車

1.3 何がベクトルでないか

と混同するだろうということではありません．そうではなく，ベクトルの基本的性質がいかなる場合にもはっきりしなかったということです．

ある意味むしろ危険な定義ですが，半分真実を含んでいるのが，ベクトルは成分と呼ばれる3つの数の集まりとするか，あるいは幾らか形式的にはベクトルは1つの添字を持つ数の集まりで，1から空間の次元までを走るものとするものです．ここでこれを"半分真実"といったのは，特に行列代数を含む分野において，そのような命名は便利で有効に使われているという応用が存在するからです．その一方で，そのようにして定義された概念は私たちが当然のことと思っているいくつかの根本的性質に欠けています．

たとえば，個人を特徴付けるために描いたベクトルを考えましょう．ベクトルの3つの成分は，それぞれ，その人の年齢，身長，体重を表すものとします．図1.1aは（本書を書いている時点での）筆者に関してそのように構成したものを表します．ここで見るのは適切にラベルが張られた軸と完全な"ベクトル"を示す矢印です．しかしもし，図1.1bのように矢印のみを残してこの3つの軸を消去すると，この矢印は完全に無意味になってしまいます．矢印が指し示す方向は何の意味も持っていません．そして，その大きさは何も示していません．

これからすぐに見ることになる真のベクトルに対しては，「矢印」とその成分の間の論理的つながりは逆転し，矢印それ自体が本質的な意味を持っています．たしかに，「座標系」や「基準系」のようにベクトルの成分の数値を与えるものを定義することはできます．しかし，その同じベクトルは異なる系では異なる成分を持ちます．この最後の陳述は同じベクトルという語句を使うことによって，ベクトルの同一性はどんな特定の座標系にもよらないという点を強調しています．

6　　　第 1 章　プロローグ：　　　　　　　本書はどんな本か？

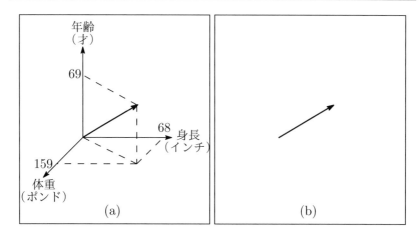

図 1.1　成分に依存する "ベクトル"

1.4　古典的なベクトルはどんなものか

　前節の議論により，次のような定義が導かれます：**ベクトルは矢印で有益に表される量**です．代表的な例が運動する粒子の速度です．この場合，矢印の向きは粒子が運動する向きに対応し，この対応はどんな特定の座標系とも関係がありません．同様にして矢印の長さは，粒子が単位時間に移動する距離を与えます．注意すべきなのは，矢印の長さは，たとえ座標軸のスケールを調節したとしても，座標系の選び方には依らないということです．もし，たとえば，測る単位をフィートからメートルに変えると[*6]，与えられた矢印の長さは数値的に小さくなりますが，同時に粒子が単位時間に移動する数値的距離も小さくなります（時間の単位は違いを生みますが，時間は私たちの3 次元空間の幾何学に含まれないことに注意してください）．

　上記の性質を記述することはいささか困難を伴い，物理的量（速度）と数学的対象（矢印）との間の対応関係は，(a) 座標軸の任意の回転，(b) 座標軸のスケールの任意の変更，に対して保存します．古典的にはこれらのうち最

[*6] 訳注：1 フィートは 0.3048 メートルです．

1.4 古典的なベクトルはどんなものか

初のものだけがベクトルを定義するのに必要となります．

たとえば，平行板コンデンサーの物理的状況を考えましょう．この平行板の極板はとても大きく，間隔は 1cm 離れていて，極板間のポテンシャルの差は 30V に保たれているものとします．d で示されるベクトルを正極の極板から負極の極板に向き，それらの極板と垂直となるものとしておきます．また，極板間の（30V/cm の大きさの）電場ベクトルを E とおきます（図 1.2）．

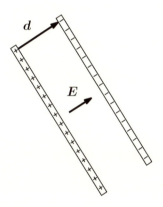

図 1.2 異なる振る舞いをする 2 つのベクトル

さて，もし座標軸が回転しても，これらの量とそれらを表す矢印の対応関係は保存します．しかし，もし，長さのスケールを変えると，もはやこのことは成り立ちません．このことを例示するために，cm を m に変えてみると，d の数値は 1 から 0.01 に変わる一方，E の数値は 30(V/cm) から 3000(V/m) に変わります*7．したがって，矢印と量の関係は d では保持されますが，E では保持されません（ポテンシャルの単位は時間の単位のようにここで考えている幾何学に関するものではありませんので，変更すべきで

---

*7 訳注：d と E では，スケール変更する長さの単位が分子に付くか分母に付くかで逆なので，変化の仕方も逆になります．

はありませんが，問題 1.1 を見てください）．

古典的なアプローチではこの困難は無視され，ベクトルとそれらの幾何学的表現（つまり矢印）は座標の回転では保持されますが，それ以外の変換では保持されないと解釈されます．現代の扱いでは，それとは対照的により野心的であることが望まれ，（より一般的な変換に対して）そのような欠点を持たない定式化を模索します．上記の例が明らかにしたことは，より一般的な座標変換を扱えるようにするには矢印だけでは十分ではないということです．

1.5 ベクトルは位置を持つか？

図 1.2 を構成するとき，d は一方の極板から他方へ向かうように定義しました．それでも，いくらか逆説的になりますが，図 1.3 のようにそれはどこか他の場所に同じようにうまく描くことができます．この例の場合，d の矢印の根元が負極板の上に移動すると，矢頭はこのコンデンサーの外側を向くという言明によって指定されます．これは，私たちのベクトル概念がどのようにしてその価値を変えることなく満足に移動することが許されるのかを表しています．

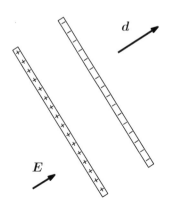

図 1.3　ベクトルは自由に移動されるかもしれません

この移動可能性の規則が電場に適用されると，矢印 E は今実際の電場が存在しない場所にその位置があるため，状況はさらに複雑になります．でも心配することはありません．単純に E がどこに描かれようとコンデンサーの中央の場を表しているということを忘れなければ良いだけです．

もちろん興味深い状況として，一点での電場だけでなく，点から点へ変化する電場のような状況も存在します．そのような場合，E を関数 $E(r)$ として定義する必要があります．ここで r は点の位置を表す動径ベクトルです．これはしかし，各 r に対して，$E(r)$ が対応する位置 r に描かれなければならないことを意味しません．事実これは $E(r)$ が有限の大きさを持つ必要があるのに r が幾何学的点を指し示すことより不可能です[*8]．

より一般には，各点でベクトル量が定義された空間の領域をベクトル場と呼び，これについては 5 章で詳しく論じなければなりません．

1.6 座標変換 vs 系のゆがみ

前節のコンデンサーの例は物理量がどのようにしてそれを生じる物理実験によって決定されるのかを描いています．したがってたとえば，電場 E はある電池につながれたある構成の 2 つの導体板によって生成されました．回転や (座標軸の目盛りの) スケールの変更のような「座標変換」を議論するなかでは，私たちは実験的設定には触れずにどんな修正でも受け入れられる基準系 (結局は私たちの想像上の虚構なのですが) のみを仮定します．

その一方で，このテーマを議論するのに密接に関係した別の方法として，基準系ではなく，変更された物理的設定を想像するというものがあります．たとえば図 1.2 において，回転の下での矢印 d と E のそれぞれの物理量との間の対応関係は，極板自体を回転させたとき，極板に付随する矢印を含む図全体が回転させられると想像することによって確かめることができます．これが行われたとしたら，矢印 E は再び (新しい) 電場と正しく対応すると

[*8] 訳注：もちろん，点 r にベクトル $E(r)$ の根元を描くことはできますので，適当にとった格子状の交点を点 r にとり，そこを根元としてベクトル $E(r)$ を "小さく" 描けば実用上はそれを，各点 r にベクトル $E(r)$ を描いたものとみなすことは可能でしょう．

いうことは明らかです．もちろん d についても同様です．

2番目の型の変換——スケールの変更——に対しては，次のように進めます．基準とする単位を引き続き同じものにし (つまり，cm を引き続き使い)，その代わりに，目盛りの見た目を小さなサイズに"圧縮"します (自然に極板のどんな物理的伸縮性も必要がなく，「圧縮」は単純に小さな目盛りを再構成するという意味になります)．定義によって，そのような系の圧縮は図とそれに現れる矢印の縮小によって成し遂げられなければなりません．このようにして，以前と同じ結論に到達します．圧縮された矢印 d は引き続き極板間隔に対応しますが，圧縮された矢印 E はその対応物がありません．本当は小さな間隔を横切って作用する同じポテンシャルで生成される実際の電場は，実際にはより大きくなるにもかかわらず，それもまた一緒に小さくなってしまいます！　このようにこれらの変換が座標に作用すると考えるか，または物理系を歪めるように作用すると考えるかどうかにかかわらず，単なる回転以上のより一般的な変換に対しては，矢印だけでは十分でないということがこれより分かり，これは一般的に言えることです．

1.7　何故トポロジー的不変性が重要なのか？

1.2 節では私たちは数値的距離や角度を必要としない方法で全ての概念と関係を定式化するという望みについて述べました．それは別の言い方をすれば，**トポロジー的不変性**と呼ばれるものになります．そのような定式化を構築する能力は直観性と実用性の 2 つの階層で私たちにとって重要です．

直観性：3 次元空間に対する私たちの認識能力は多くの場合，2 次元網膜上への像を通して行われます．そのため，(恐らく脳が適応する眼球の永久的彎曲に加えて) 私たちが見る映像は私達の視点が変わることによって常に変動するゆがみを受けます．たとえば，物体の視覚的大きさなどはめったに長時間一定の大きさを保つことはありません．それでも，認識の過程で起こる，距離と角度のゆがみとは独立に見ているものを解釈する能力を私たち自身が発展させることによって，私たちの心がずっと以前に見たそのような全ての映像から根底にある現実を抽象化することを学んでいない限り，多くの

1.7 何故トポロジー的不変性が重要なのか？ 11

場合，映像（または，そのことについての他の感覚）は私たちに使い道がありません．したがって，トポロジー的不変条件に現れる物理的現実感を定式化するということは，私たちが元々持っている直観的理解力とともに始め，それをさらに発展させるという点で重要です．

実用性：究極的には，私たちが今空間のゆがみとして述べていることは座標変換に変わります．もし，ある人がたとえば，デカルト座標から球座標に変えれば，座標面に関する物理系の構造は根本的に変わります．その一方で，私たちが的確に定めることに成功したどんな演算でも，私たちがうまく働くように選んだ座標系とは独立に自動的にその代数的形式を保持します．これは明らかに大変便利です[*9]．

もちろん，自然界の全ての物理法則が純粋にトポロジー的であるわけではありません．8 章では私たちが再び強調すべきことがあって，本当にある意味では非トポロジー的法則は"真"の物理学が住む場所であるということができるでしょう．どちらにしても，それでもある型を別の型から区別する能力はトポロジー的・非トポロジー的の両方の意味と，それらの物理理論全般における役割をはっきりさせ，大きな助けとなるでしょう．

章末問題

1.1 1.4 節では，私たちはあたかも極板同士が電池に接続されているような，極板間のポテンシャルの差が一定であると仮定したときのスケールの変更の下での E の挙動について議論しました．仮に極板が"電池に接続されていない"，したがって電荷が保存するとして，E の挙動はいま変わるでしょうか？ それはより矢印のように振る舞いますか？

1.2 仮に極板間の間隔は一定に保つが，ある割合で横方向に圧縮されたとしたら，矢印 d はその値を変えるでしょうか？ 矢印と物理的値の間の対応関係は保存しますか？

[*9] 訳注：物理学では，解析力学や一般相対論などが，同様に座標系の選び方とは独立にその代数的形式を保持するように理論が構成されていることを読者はご存知かもしれません．

1.3 再び前問を考えましょう．E に対して，2つの仮定
(a) ポテンシャル差一定　および　(b) 電荷一定　について考えます．それぞれの場合について E は変わりますか？　そしてそれは矢印のように振る舞いますか？

1.4 d のように矢印で便利に表すことができる物理量をどれだけ沢山考えることができますか？

第 2 章

ベクトルの種類とベクトル演算

2.1 何が問題か？

　前章では古典的なベクトルが実際回転の下で矢印のように"振る舞う"ということを確かめました．しかしそれとともに，ある場合，常にではないですが，古典的ベクトルにはより踏み込んだ対応関係が成り立つことが明らかになりました．特に回転だけでなく，いろいろな種類 (もしかしたら全て？) の変換で矢印のように振る舞うベクトルが存在するように思えます．

　この後者の種類のベクトルの典型例は**変位**です．すなわち，変位がここから始まり，そこで終わる矢印と自然に対応することより，それは「ここ」から「そこ」へのある点での演算を取るものです (図 2.1)．そのような同一視はもし，例えば，空間がある方向に圧縮されたとすると，矢印は点「そこ」が点「ここ」に近づくのと全く同じように圧縮され，その結果対応関係は正しく保存されます．これは変位は単にベクトルだけでなく，**矢印ベクトル**または簡単に**矢印**であるという事実として表すことができます．

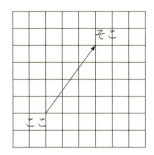 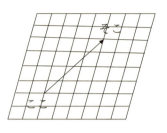

図 2.1　変位は矢印のように圧縮される

　私たちの直感的な 3 次元世界において，時間は空間の次元と無関係であり，そのためそれは空間が任意の変換を経ても同じであり続けるということとして表され，それは時間を因子とする変位に関係した任意の量もまた有効に矢印で表されることを意味します．この範疇に属するものとして，1.4 節で述べた，質点の**速度**があります．これは質点のある定まった時間 Δt の間の変位を Δt で割ったものとして定義されます．質点がそのような間隔の間にどういう変化をするのかを観察することによって，再びそれが運動する間の「ここ」と「そこ」を決定することができ，したがって速度ベクトルの矢印を構成できます．いうまでもなく，**加速度**もまた同様に振る舞います．

　その一方で，前章までの調査では，全ての古典的なベクトルがこのように振る舞うわけではないことが分かりました．たとえば，1.4 節で述べた電場 E はそのように振る舞いません．これより，矢印以外の可能なベクトルの幾何学的表現が存在するかどうかという疑問が湧きます．それは回転の下で単に矢印と同様に振る舞い，その一方で，議論をより一般的な変換を含むように拡張するときに何らかの物理量と良い対応をするかもしれません．これは本章における最重要課題です．

2.2　積層

　ベクトルであるにもかかわらず，矢印ではない幾何学的対象の最初の例として「積層」(積み重ね) という概念を導入しましょう．回転に限定する限

2.2 積層

り，積層と矢印は同じ性質を持ちます．実際，それらの間に1対1対応を定義することができます．しかし，より一般的な変換に進むとすぐに2つはもはや同じようには振る舞わなくなります．

まず最初に定義を述べましょう：積層はいくつかの平行なシートに，固定されていない矢頭(やがしら)が付いたものとして"直感的"に表すことができます (図 2.2).

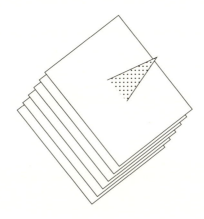

図 2.2 積層 (積み重ね)

積層の向きはシートの**方向**によって定義され，その数値的大きさはそれらの**密度**によって与えられます (矢印に対してはその向きは軸の方向によって定義され，大きさはその**長さ**によって定義されたことを思い出してください．).

積層のシートが何枚図示されているのかや，それらがどれだけ大きく描かれているのかは，矢印の線がどれだけ細く作られているのかと同様にあまり重要ではありません．図に書くときには数枚のシートを書く方が混乱を避けるのに良いですが，原理的には2枚のシート (と矢頭) があれば十分です．回転のみに限定した場合，積層と矢印の1対1対応は，各積層に対して，積層のシートに垂直で長さがシートの密度，すなわち，シート間の間隔

の逆数に等しいような矢印を対応させると上手くいきます．しかし，"垂直"という単語を使うとき，これはすぐに考えている変換を回転に限定していることが分かります．何故ならより一般的な空間のゆがみは垂直の条件を保存せず，仮定されていた1対1対応は破壊されてしまうからです．それに加えて，長さを密度と等しく置くことは，長さの単位を必要とし，それもまた同じであり続けられないからです．そのような一般的な変換では，矢印と積層はお互いに**本当に異なる**のです．

実は与えられた積層に"対応する"と仮定された矢印を構築し，その矢印の方向に沿って空間を圧縮したときに特に単純な対比が現れます．明らかに，この操作は矢印を小さくし (すなわち，その長さは減少し)，同時に積層を大きく (すなわち，その密度は増大) します．このため対応関係を保持することは不可能です．これより直ちに 1.4 節で議論した電場 E が矢印ベクトルではなく積層ベクトルであることが分かります．

2.3　数学的対象の大きさ

私たちは矢印と積層がそれらの存在する空間が任意の変換によってゆがめられたときどのように修正されるかについて話してきました．しかし，矢印が何か，もはや矢印でなくなる，たとえばそれを曲げるなどや，あるいは恐らく積層を構成するシートを非一様にするか，それらを平面ではない曲面に曲げてしまい積層がもはや積層でなくなるという可能性についてはこれまでは無視してきました．しかし，変換が連続で滑らかである限り，それによって考えている空間が"裂け"たり，"しわが寄っ"たりしないことより，これらの種類の問題は単に積層と矢印を必要なだけ小さく描くことによって無視することができます．矢印の幾何学的長さや，積層の密度に関係する比例定数はそのような要求の下でいかなる実際上の一般性もその物理的対応物に対して失われないことより，結局任意にとれます．したがってたとえば，光の速さで運動する質点の速度を表すのに1ミクロンの長さの矢印で表してはいけないということはありません．また，ある，とても弱い電場を数値的密度の大変高い積層，つまりその最小表現を構成する2枚のシートをとても小さ

な空間に圧縮することもできます (ただし変位ベクトルそれ自体は，その座標系のスケールに固定されなければならないという例外になります．たとえば，アナーバーからシカゴへの変位を "小さな" 矢印で表したらどうでしょうか？ それはほとんど意味を成しません．この理由により，ただ**無限小の変位**——速度の定義に含まれるもののように——のみが厳密にいえば，任意の，線形に限らない空間変換の下で矢印として表すことができます).

小さなスケールでの図形を描く能力とは，ベクトル演算が不変性を保つように振る舞う変換について述べるとき，"任意" という単語によって表され，このとき結果として生じる全ての関係を "トポロジー的" であると主張できるものです[*1]．気を付けなければならない唯一の制限が，変換が**連続的であり微分可能である**ということです．そして，特異点 (たとえば，デカルト座標から円柱座標への変換の場合の円柱の軸となる座標軸など) では私たちの関心のある，何らかの量が異常な挙動をする可能性があることを十分予想することができます．しかし，ある種の状況下では，座標系の特異性から生じる現象がとても重要であるとしても，それらは常に (物理的応用においては) 特別な点か線に限定されます．したがって空間の一般的な点ではそれらは発生しないと仮定でき，そしてその発生原因や，結果などの状況がより具体的な方法によって確かめられるまでそれらに対する考察を保留できます．

2.4 直線と平面の方向

矢印と積層の方向はどちらもそれぞれの方向によって決定されますが，"方向" の意味はこれら 2 つの場合ではかなり異なります．というのも，矢印の場合では直線の方向であり，積層の場合では平面の方向だからです．したがって，たとえば，2 つの矢印が "同じ" 方向であるとは，それらの軸が平行であることを意味すればよいでしょう．一方，ある矢印とある積層が "同じ" 方向を持つと主張するときには，2 つの種類の方向が異なる性質を持つ

[*1] 訳注：トポロジー的関係は任意の変換で不変ですが，そもそもここでいう "任意" とは，トポロジー的不変性を満たすものを指しているということです．

ため，対応する意味付けは見出せません．もちろん，古典的な立体幾何学は次の3つ全てに対して"平行"であるということができます．直線は別の直線と平行になり得るし，平面は別の平面と平行になり得ます．また，直線は平面と平行になり得ます．しかしそのような用語の使い方は実際上，混乱以外の何物でもありません．最初の2つの場合，平行であるという特性はただ1つの方向に決定します．与えられた直線に対して平行な2つの直線はお互いに平行になるし，同様のことが平面同士でも成り立ちます．しかし，与えられた平面に対して"平行"な2つの直線はお互いに異なる方向を持つことができるし，同様のことが"与えられた直線に平行"な2つの平面に対しても成り立ちます．

それと同時に，古典幾何学が"平行である"と主張する関係にある，直線と平面の間の関係はそれが事実トポロジー的であることより，とりわけ重要です．もしたとえば，矢印ベクトルの軸が積層ベクトルのシートの1つに含まれているなら，その事実は任意の仕方の空間の変換で変わることがありません．この状況は用語上の問題に直面します．古典的な状況では，積層は"実際には"その積層に垂直な矢印であり，積層のシートの1つに含まれている(積層でない)矢印とその積層との間の直交関係として述べることができます．しかし，そのような名前は魅力的ではないでしょう．何故ならそれは計量的な雰囲気がし，かつ，シートに含まれるそのシートに垂直な直線を記述し，明らかに混乱をもたらすからです．

その一方で，この関係に"平行である"という表現は望ましくありません．何故ならそれは単に平行の一意性に欠けるからだけでなく，徹底的に古典的なベクトルの概念に反するからです．

このため，本書では私たちは単に矢印ベクトルが積層ベクトルのシートと平行であるような場合，矢印はその積層に**含まれる**と言います．またはそれと等価に，あまり一般的ではない表現ですが，積層はその矢印に**含まれる**ということにします．ここでは，ある意味一般的ではない用語を使う代わりにそのような使用法が混乱を回避することを望みます．

要約すると，私たちが採用した言葉による表現法において，矢印の組はお

互いに平行になるようにでき (ただし，垂直でなく)，同様のことが積層の組についても成り立ちます．しかし，積層と矢印は平行または垂直に配置出来ません．代わりに，矢印と積層は一方を他方に含ませることができます．しかし，2 つの矢印と 2 つの積層では (両者が同一の場合を除いて) こうはいきません[*2]．本書での「出来る」および「出来ない」という表現は，純粋にトポロジー的関係について主張するとき，どのような制限が存在するのかを単に述べただけであると読者はもちろん理解するでしょう．そしてそれが一方で，少なくとも現在ここで私たちが行っていることなのです．

2.5 矢印と積層の代数

ベクトル上で行われるもっとも単純な代数的演算は，大きさの定義から直に導かれるスカラー倍でしょう．したがって，スカラー c を掛けることは，矢印の長さまたは積層の密度に c の大きさを掛けることになります．後者の場合，それは積層を構成するシートの間隔を同じ数 c で割ることと同じです．もし c が負なら，ベクトルの向きもまた逆転します．ただし，たとえあるベクトルが完全に別のベクトルの反対だとしても，つまり一方が他方に -1 を掛けることによって得られるとしても，それはそれらのうちの一方が負で他方が正であることを意味しません (スカラーでは当然それは成り立ちますが)．実際，"正" のベクトルや "負" のベクトルなんてものは存在しません．他方のベクトルの逆という関係は，スカラーの場合とは異なり，いわば完全に相対的な関係です．どちらのベクトルもどんな特定の種類にも分類することはできません．私たちはのちにこの点に戻る必要があるでしょう．

次に最も基礎的な演算は，もちろん，和です．矢印の場合，その定義は有名な "平行四辺形の法則" によって表されます．2 つのベクトルの根元を一緒にして平行四辺形を完成させ，元の 2 つのベクトルの共通の根元から平行四辺形を完成させる点に向かって描いたその第 3 のベクトルです．この定

[*2] 訳注：長さのより長い矢印や，密度のより高い積層はより短い矢印や，より密度の低い積層に含まれることができません．

義はとてもなじみ深くて,ほとんどの人は何故それが"和"というスカラーに対して既に定義された単語で呼ぶのか全く疑問に思わないほどです.理由は,読者が簡単に確かめられるように,この定義が和に関する3つの基礎的な性質を満たすからです.すなわち,交換法則

$$A + B = B + A; \tag{2.5.1}$$

結合法則

$$A + (B + C) = (A + B) + C; \tag{2.5.2}$$

そしてスカラー倍に対する分配法則です:

$$a(A + B) = aA + aB. \tag{2.5.3}$$

積層に対しては,和はある意味次のように類似の平行四辺形の法則によって定義されます.2つの積層の表の面をお互いに重ね合わせると[*3],それらは穴の断面が平行四辺形のハチの巣状の形状を構成します.すると,新しい積層は,これらの積層のシート同士が作る対角線を通る平面をシートとする積層となります(図2.3).もちろん,この平行四辺形が持つ2つの対角線に対応してそのような平面の集まりは2つ存在するので追加の指定が必要となります.これは,この平行四辺形の2つの対角線の作る積層のうち,その積層に付随する矢頭が,元の2つの積層に付随する矢頭(向きだけ持つ矢印ベクトルですので,先端だけ頂点にそろえれば逆側は関係ありません.)たちが作る三角形に**含まれる**ようなものを選ぶようにすればよいです[*4].

[*3] 訳注:どのような2つの積層に対しても通常の3次元ユークリッド空間では表の面どうしをそれらの面の法線たちがお互いに180°以内になるようにとれることに注意してください.
[*4] 訳注:この文章を字面だけで理解するのは難しいかもしれません.図を確認してゆっくり考えてみてください.

2.5 矢印と積層の代数

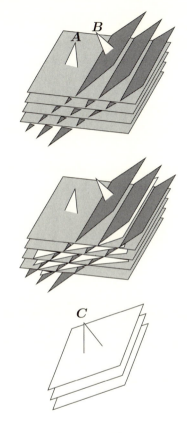

図 2.3 2 つの積層の和

このように特定された正しい対角線となる平面に対しては，2 つの元の矢印が**内向き**に指し示すために矢頭をその三角形の**外側**を指し示すように付け加えます．新しい積層は定義により，2 つの元の積層の和になります．再び，この定義が和に対する 3 つの基礎的な法則を満たすことを確かめるのは簡単です．

図 2.3 の構成法は，もし 2 つの積層がお互いに平行だと不可能です．しかし，その場合積層の和も単に，また同じ方向を向き，大きさが元の積層の和

(あるいはそれらの向きが逆なら差) となる積層となります．ほとんど同じ方向を向いた 2 つの積層を考え，それらの方向がお互いに近づくような極限を試してみると同じ結果が得られることは満足な結果です (問題 2.6)．

　矢印または積層にスカラーを掛け合わせる規則，および 2 つの矢印または 2 つの積層を足し合わせる規則は完全にトポロジー的であることをもう一度強調します．つまり，それらは特定の長さのスケールを使うことや，どんな角度を測定することにも依存しません．その一方で，積層と矢印の和は，いまだに定義されていません．ただし，これら 2 つの種類のベクトルを結合する別の種類の演算が存在しないということを主張しているわけではありません．しかし，それらを調査する前に，次のような表記法を少々定義するために，いったん脱線しましょう．それは矢印や積層に記号を割り当てるとき，次のように文字の上に矢印を配置することによって矢印ベクトルを表し，文字の下に下線を配置することによって積層ベクトルを表すものです：

$$\vec{R} \text{ は矢印}, \underline{K} \text{ は積層}. \tag{2.5.4}$$

他の表記法の約束と同様にこれを永遠の約束と考える必要はありません．しかしそれは，その一方で，その根本的な概念にまだ完全には慣れていないうちは，議論を明白にする助けになります．

2.6　ドット積

　2 つのベクトルのドット積の古典的な定義はよく知られています (1.2 節)：2 つのうちの一方のベクトルの長さにそのベクトルへの他方のベクトルの正射影の長さを掛け合わせた長さに等しいスカラーです．あるいは，ある意味意味合いは違いますが，それは 2 つのベクトルの大きさの積にそれらの間の角の余弦 (cos) を掛け合わせたものです．明らかにそのような定義 (矢印は，ベクトルを表す古典的な方法であるため，ここでは矢印について述べます)はそれが角度と数値的な長さの大きさを含むことより，一般的な座標変換で不変性を保つことができません．それでも，回転のみに制限すれば古典的なドット積と一致する，より一般的な座標変換に対応できるドット積が，**矢印**

2.6 ドット積

と積層の間であれば定義できます．その定義は次の通りです：まず，積層上に矢印を移動し，矢印がまたがる積層のシートの枚数を数えます．もし，矢印が積層についている矢印の向きに積層のシートをまたがるなら，ドット積は正で，そうでなければ負です．$\vec{K} \cdot \vec{R}$ が $+7$ に等しい場合のこの構成法の例を図 2.4 に示します：

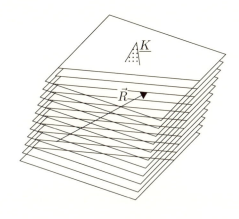

図 2.4　矢印と積層のドット積

$\vec{R}$ と $\vec{K}$ のドット積は $\vec{K} \cdot \vec{R}$ と書くか，または等価ですが $\vec{R} \cdot \vec{K}$ と書きます．言い換えれば，この積において，矢印が先でも積層が先でも同じです．したがってドット積は定義により，可換になります．しかし，これは他の種類の積について成り立つ必要はありません．実際，次章で導入されるクロス積はこの性質を持ちません．

　この，新しい定義の顕著な特徴は，もちろん，座標変換の下での不変性，あるいは，空間のゆがみがあっても等しくなるものです．この矢印の根元が積層のある特定のシートに固定されていて，その頭が別のシートに固定されているなら，任意の変形が起こった後でさえ，このことは成り立ちます．このように，ドット積の数値は純粋にトポロジー的な方法で定義され，その結果，最も一般的な座標変換で不変性を保ちます．

ちなみに，ここで定義されるように，掛け算の分配法則がドット積に対して成り立つことを確かめることもできます．すなわち，

$$(a\vec{R} + b\vec{S}) \cdot (c\underline{K} + d\underline{L})$$
$$=(ac)(\vec{R} \cdot \underline{K}) + (ad)(\vec{R} \cdot \underline{L}) + (bc)(\vec{S} \cdot \underline{K}) + (bd)(\vec{S} \cdot \underline{L}) \qquad (2.6.1)$$

です．

章末問題

2.1 2.2 節では，図 1.2 の場 E が積層であると結論付けました．しかし，そこでは，空間が圧縮されても，極板間のポテンシャル差は一定に保たれると仮定しました．代わりに，極板上の電荷が一定であると仮定します．このとき，積層はそれでもまだ E の良い表現でありますか？

2.2 図 1.2 を再び見ると，d の大きさは 1cm で E の大きさは 30(V/cm) になります．それでは，一体，両者が数値的に一致するためには空間をどれだけ拡大する必要があるでしょうか？

2.3 前問において，拡大前と後でそれぞれドット積 $\vec{d} \cdot \underline{E}$ を求めましょう．

2.4 空間を伝わる平面波において，伝播ベクトル $\underline{K}$ を $\underline{K} \cdot \Delta \vec{r}$ がベクトル $\Delta \vec{r}$ によって隔たっている 2 点の間の位相差となるものとします．この位相差は座標系が圧縮されても等しくあるべきでしょうか？ またそれは何故でしょうか？ $\underline{K}$ を表すのに使うベクトルはどんな種類のベクトルでしょうか？

2.5 図 2.3 を見てください．定規と分度器を使うことが許された空間で，和の演算を想像してみてください．この空間では積層 $\underline{A}$ と $\underline{B}$ は大きさ A と B を持ち，その間の角度 θ も持ちます．それらの和の大きさの 2 乗が矢印の場合と同様に

$$A^2 + B^2 - 2AB\cos\theta$$

になることを証明しなさい．

2.6 ドット積

2.6 図 2.3 の構成法をお互いの向きが同じ向きに近づいている 2 つの積層に適用するなら，その和はそれらと同じ向きで，それら 2 つの元の積層の大きさの和に等しい大きさを持つ積層になることを証明しなさい．

2.7 再び，問 2.5 のように定規と分度器を使うことが許された空間を想像してみてください．このとき，図 2.4 のドット積 $\vec{K} \cdot \vec{R}$ が $\vec{K}$ の大きさに，$\vec{K}$ のシートに垂直な線に $\vec{R}$ を射影したものの大きさを掛け合わせたものに等しいことを示しなさい．

第 3 章

その他の演算，その他のベクトル

3.1 新しい種類の積

　前章では矢印と積層という2つの型のベクトルについて議論しました．そこでは，完全にトポロジー的な定義，つまり，長さや角度などの測定値に依存しない定義を用いて，それぞれに対してスカラー倍と和という2つの演算を定義しました．また，ドット積という演算も定義しましたが，それは片方が矢印でもう片方が積層である必要がありました．ここでも，この定義はトポロジー的なので，空間が任意の方法で変換されても，その値は不変であり続けました．

　本章では**クロス積**と呼ばれる新しい演算を定義しましょう．それは，ドット積とはある意味正反対の性質を持ちます．クロス積は2つの積層か2つの矢印の間に定義できますが，積層と矢印の間には定義出来ません．この演算は，ただし，いくつかの新しい複雑性を引き起こします．まず最初に，2つの矢印同士のクロス積も2つの積層同士のクロス積も，それ自体がベクトルであるにもかかわらず，矢印でも積層でもないという事実に由来する複雑

性を持ちます．つまりこれは，この新しい種類の積の導入が，いくつかの新しい種類のベクトルの導入を強制するということを意味します．本章の後半では2番目の複雑性を扱いますが，それはクロス積の概念の導入が，ベクトルの"方向感"というものが正確にはどういう意味を持つかについての再検討を迫るというものです．

3.2　矢印同士のクロス積

　古典的なアプローチでは，2つのベクトル(つまり矢印)のクロス積は，元の2つの矢印に垂直で，それら2つによって張られる平行四辺形の面積を大きさに持つ新しい矢印として定義されます．しかしこのようにして定義されたものが一般的な変換で不変でないことはすぐに分かります．スケールの単純な変更でさえ，例えば，この新しい量は距離の圧縮によってその2乗の因子によって変化します．そして，もちろん，読者は垂直であるという性質はトポロジー的に不変でないということも知っていることでしょう．

　私たちがここですべきことは，困難を恐れずに立ち向かって，新しい型のベクトルを定義することです．ここではそれを，押さえと呼ぶことにしましょう[*1]．押さえに対しては，その代数的記号として，$\underset{\circ}{\boldsymbol{T}}$のように太字に小さい丸をその下に付けて表すことにします．押さえは固定されない矢頭で向きを示した，単一平面の有限領域です(図3.1)．

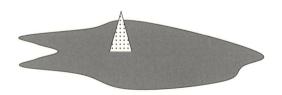

図 3.1　押さえ

[*1] 訳注：原書ではこの単語"押さえ"を"thumbtack"と呼び，それは画鋲などを指すのですが，日本語ではなじみのない用語なので単に"押さえ"としました．

押さえの方向の型は明らかに積層のものであり，矢印のものではありません．言い換えると，押さえが，積層には平行ですが，矢印には平行ではないということを述べるのは有意義です．ただし，それは積層ではなく，矢印で含まれることができます (2.4 節)．

押さえの大きさはその面積によって定義されますが，形は重要ではありません．言い換えるならば，2 つの押さえは，もしそれらが互いに平行で，それらの面積と向きが等しいなら，たとえ片方が円形でもう片方が正方形であったとしても，同じであると考えられます．これに加えて，押さえにはそれ自体の代数規則があります．それはスカラー倍することができ，完全にトポロジー的な定義に従って任意の 2 つの押さえを足すことができます．そしてそれらは，交換法則，結合法則，分配法則の代数規則に従います．これらについては 4 番目 (そして最後の) 型のベクトルを導入した後，3.7 節で詳しく議論します．

2 つの矢印が定める平行四辺形によって決定される押さえとして，これら 2 つの矢印同士のクロス積を定義するのはいま，簡単になりました．これは，言い換えれば，これらの矢印の各々を含み，それらの張る平行四辺形の面積と等しい大きさの押さえです (図 3.2)．この定義から 2 つの平行な矢印のクロス積がゼロであることがわかります．

3.3 極性と軸性

古典的にはクロス積の向きは右手の規則によって指定されます．そして，もし必要なら同じ考えで押さえの向きを定義することができます．特に，クロス積 $\vec{C} = \vec{A} \times \vec{B}$ の向きを得るためには，$\vec{A}$ と $\vec{B}$ の根元が一緒になるようにそれらを移動し，そして，指が $\vec{A}$ から $\vec{B}$ に向かって曲がるように右手を非常に緩く握ります．すると，親指の方向が，$\vec{C}$ に割り当てられる方向です (それが実際図 3.2 で構成されている方法です)．

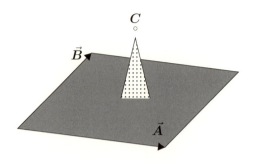

図 3.2 2つの矢印のクロス積は押さえです

この規則に基づく定義は，右手を左手に変えない任意の変換，または同じことですが，元の状態から連続的に作られる空間のどんなゆがみに対しても不変のままです．しかし，そのような連続的過程によっては生成できないような空間変換が存在します．この変換の結果を図 3.3(左側) に図示します．そしてそれは垂直な鏡 (図では 2 重線で表される) で反射させると，図 3.3(右側) を再生成します．

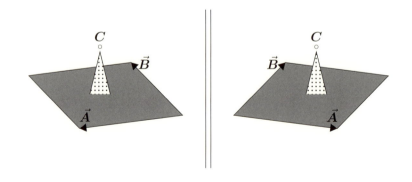

図 3.3 反射の下では右手の規則が成り立ちません

鏡の左側にある C の向きは，たとえそれがその右側の忠実な反射であっても，私たちがたった今定義した右手の規則と正反対になっていることが読

3.3 極性と軸性

者にも分かることでしょう.

したがって，ここで定義した右手の規則の使用を主張することが深刻な問題を引き起こすことが分かります．当然のことながら，それに対処する1つの方法は，単にクロス積が空間反転の下で不変でないという事実を受け入れることです．それはいまだに広範囲にわたる不変性を保ち，かつ，かなり多くの目的に対して十分です．

それでも，そのような形で制限されないことが役立つ重要な物理的問題が存在します．そして，ここではより野心的な付加属性を利用できるようにします．そしてそれは，私たちが"方向感"と呼んだ概念が2つの属性を持つことに注意することです．矢印に対しては，例えば，矢頭を片方の端につけることができます (図 3.4a)．あるいは，まるでそれ自体の周りを回転するかのようにその部分の周りを渦輪のように描くことができます (図 3.4b)．

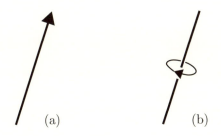

図 3.4　矢印の極性と軸性

最初のものを**極性感**，第2のものを**軸性感**と呼ぶことにしましょう．この付加属性を採用することによる代償は，もちろん，ベクトルの種類が倍になるということです．しかし，2倍になることはここでの約束による偶然のものではなく，物理的相互作用を構成する何かであると理解しておく必要があります．

もし $\vec{A} \times \vec{B}$ が極性でなく，軸性の押さえであるといってよいなら，反射の下で不変であるようにクロス積の向きを定義する問題は解決されます．つ

まりその向きは，当初押さえの定義に現れた固定されない矢頭で定められるわけではなく，その代わりにその押さえに描かれた渦輪によって定められます．また，その渦輪の特定の向きは，$\vec{A}$ が $\vec{B}$ と重なる向きになるような回転方向に一致するように指定します．そのような構成法は図 3.5 に示しました．そこから，鏡で反射された像の場合でもそれが有効性を保っていることが分かります[*2]．

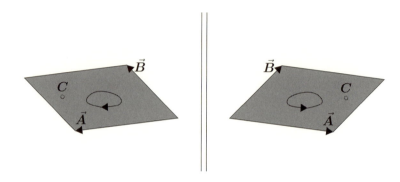

図 3.5 軸性感は反射の下できちんと機能する

軸性感を採用するか，右手の規則を採用するかに関わらず，クロス積の向きは，積の順序が反転するとき，常に反転することに注意しましょう．

3.4 極性と軸性の代数

以前私たちが導入した代数規則のこの状況への拡張は直接的です．したがって，2 つの極性矢印の和は (以前述べた通り) 極性矢印で，2 つの軸性矢印の和は (読者が発展させるのに困難を感じない慣例に従って) 軸性矢印で

[*2] 訳注：賢明な読者はお気づきでしょうが，軸性感の導入は反射の元でのクロス積の不変性を保証しますが，同じ垂直方向から見たときの渦輪の向き (時計回りであるか，反時計回りであるか) を保存しません．このため，軸性矢印自体を鏡に映すと，その鏡像の渦輪の向きも逆になりますが，これはきちんと反射の下でトポロジー的不変性を保っている結果です．

3.4 極性と軸性の代数

す．対照的に，1つの軸性矢印と1つの極性矢印の和は未定義のままのはずです．

2つの極性矢印のクロス積は，すでに見てきたように，軸性の押さえです．2つの軸性矢印のクロス積もまた軸性押さえです．しかし，その構成法は少し異なります．まず最初に，2つの矢印の軸の片側同士を一緒にしたとき，その共通の点から見て，2つの矢印の渦輪が同じ向き[*3]になるように2つの(渦輪の)矢印の軸の片側同士を一緒にします (時計回りでも，反時計回りでもどちらでも違いがありません)．クロス積の軸の方向は，再び，最初の因子を第2の因子へ向かわせる方向です[*4]．

最後に，1つの極性矢印ベクトルと1つの軸性矢印ベクトルのクロス積は極性押さえになります．そしてそれは次のように構成されます．まず最初に，最初の因子が極性のものであるとき，最初の因子が軸性になるようにするには，因子の順序を変えて積の向きを反転させればよいことが分かっているので，最初の因子は軸性のものであると仮定できます．それから，**極性ベクトルの根元に軸性ベクトルの片方の端を付け，その2つに対する平行四辺形を作ります**．これを行うと，最初の因子の向きを定義する渦輪が**この平行四辺形を特定の方向に突き通す**ことが分かります．するとその向きはこのクロス積の向きを定義します．もちろん，直接ベクトルとスカラーの極性及び軸性を表すことが出来るようにここでの記号法をより精巧なものに作り上げることができることは明らかですが，それは適切な記号の組をより複雑にするので本書ではそのようにしません．したがって，読者は $\vec{A}$ と B のような記号が極性と軸性の両方の量を表すことができることを心に留めておかなければなりません．

[*3] 訳注：両方とも時計回りか，あるいは反時計回りかという意味で．
[*4] 訳注：この構成法が，(a) 反射の下で正しく機能すること．(b) 2つの矢印の渦輪が同じ向きになる2通りの方法で軸の片側を一緒にしても結果が一緒になること．について絵に描いて確かめると良いでしょう．

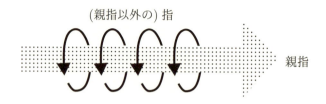

図 3.6　普遍的な右手の規則

　もし，その一方で，反射不変性が重要でない問題を扱う際，図 3.6 で描かれた普遍的な右手の規則によってこの 2 種類の方向感が関連付けられているならば，この 2 種類の方向感は互いに等しいと考えてよいでしょう．この図は右手を親指が右に向くように上げて，残りの 4 本の指を軽く丸めることによって得られます．すると，これらの指によって示される軸性感は親指が指す極性感と同一視されます．

3.5　極性及び軸性スカラー

　この時点で私たちは立ち戻って，2.6 節で積層と矢印の間に定義されたドット積を再確認する必要があります．結果は，そこで述べたとおり，もし矢印が積層の方向に沿って積層のシートたちをまたぐならば向き (すなわち，符号のこと．スカラーに対してはこれら 2 つは同意語です) が正であるスカラーとなり，もしそれら 2 つが逆向きなら，向きが負であるスカラーです．そのような定義は，もし，積層と矢印が共に極性であるか，または共に軸性であるときには有効です．しかし，それらのうちの片方が軸性でもう片方が極性のとき，それらのドット積は**軸性スカラー** (より一般的には**擬スカラー**) と呼ばれる新しい実体になります．軸性スカラーは通常のスカラーの "向き" が (もちろんゼロでない限り) 単に $+$ か $-$ であるために，やや定義するのに混乱します．言い換えると，極性スカラーが正か負のいずれかであるのとは対照的に，軸性スカラーは 2 つの向きの 1 つを持ちますがそれらは $+$ でも $-$ でもありません．

3.5 極性及び軸性スカラー

2つの新しい記号 ↻ と ↺ をこしらえて、これら2つの向きを表し、そして右巻き型と左巻き型という用語を使ってそれらを表すと便利です。片方が極性でもう片方が軸性である矢印と積層のドット積の (軸性) 感は、すると極性の方の向きに沿って見たときに軸性の方の渦輪の見え方によって指定されます。これら2つの向きが互いに逆になる、したがって、$-(↻5) = ↺5$ または $↻5 = -(↺5)$ と言うことができるにも関わらず、この新しい記号はそれぞれ独立に + と − に1対1対応しません。したがって、例えば、↻5 が ↺7 より大きいとか、またはその逆であるかなどということは不可能です。しかし、これが混乱を誘うかもしれませんが、この点でそれは極性ではないものの通常の (軸性) スカラーであり、新しい例外的な物理量となることも思い出さなくてはなりません。ベクトルについても、結局、$-\vec{A} = \vec{B}$ のような言明は、たとえ $\vec{A}$ または $\vec{B}$ が独立に "正" であるとか "負" であるとか言えなくても、完全に意味があります。

読者は何故、↻5 や ↺7 などの2つの軸性スカラーを、それらの "大きさ" で比較することができないのか不思議に思うかもしれません。答えは間違いなくできるというものです。しかし、その場合、2つの種類の比較の意味は全く異なります。そして、それは通常のスカラーに対しても成り立ちます。仮に、例えば、建物の階を $, \cdots, -3, -2, -1, 0, 1, 2, 3, \cdots,$ のように表して、0を地上階とし負の数を地下の階数を表すものとします (これはヨーロッパでよく行われていることです)。すると、言明 $2 > -3$ は2階が地下3階より上の階であるということを意味します。それと同時に、-3 の大きさは2の大きさより大きい (訳注：つまり $|-3| > |2|$) ので地下3階は2階より地上階からより離れているということを意味します。明らかに、この2つはこの2つの問題が異なるものであることを主張しています。当然のことですが、ベクトルの組の場合でも、大きさの比較ですら疑わしくなります。何故なら、それらが平行でない限り、それまで、より大きかったベクトルがより小さくなるような方法で空間を圧縮させることができるからです。

物理的応用において、エネルギーやエントロピーのようなあるスカラー量では、より大きいまたはより小さいは絶対的な意味を持ちます。したがっ

て，例えば，放射する系は常により低いエネルギーに向かって時間発展し，閉じた熱力学系はより高いエントロピーに向かって時間発展します．このことは，エネルギーやエントロピーを計算することを趣旨とするどんな数学的公式でも，**極性**（かつ軸性でない）スカラーとなる結果を生成するか，あるいはそれは鏡の反射の下で**物理的**に不変でないような過程（β 崩壊など）を記述しなければならないということを教えてくれます．

3.6　4 番目の，そして最後のベクトル：束

逆の種類のベクトルの間だけに存在するドット積と異なり，クロス積は 2 つが同じ種類であることが必要であることを以前述べました．そして，その 2 つは矢印に限らず，2 つの積層でもまたクロス積を持つかもしれないことを意味しました．それは確かにそうです．そしてそれを理解するには，4 番目の，そして最後のベクトルを定義する必要があります．ここではそれを "束" と呼びましょう．

お互いが重ね合わされた 2 つの積層を考えてください (図 3.7)．

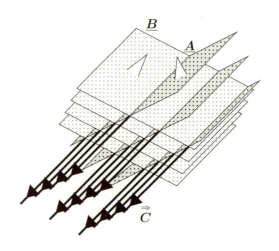

図 3.7　2 つの積層のクロス積

一方の積層に属するシートたちともう一方に属するシートたちの交差線たちは，直線群を構成します．そしてそれら直線群の**密度**はそれらの積層の方向が一定に保たれているとき，それらの積層たちの大きさ (すなわち，シートの密度) に比例します．もし，その一方で，それらの積層の大きさを固定したままそれらの向きだけ変えると，交差点が作る直線群の密度は，2 つの積層が互いに平行になるならば，ゼロに向かい，それらの向きが垂直のとき，最大に達します．これらの性質の両方が，事実上，**2 つの積層のクロス積**を扱っていることを示唆しています．

正確にそれを指定するために，ここでは "束" と呼ばれる，新しい型のベクトルを定義します．束ベクトルは，直線の束の**密度**がベクトルの大きさを示し，それらの方向がベクトルの向きになるようなものとして定義されます．積層を形成するシートの場合と同様に，束を構成する直線群の散らばりの正確な配置は重要ではありません．それらの密度のみが重要です．ですから，例えば，ある方向で直線群の間隔を 2 倍にするとき，他方の方向でそれらの間隔を半分にすることができて，その操作の結果得られる束は定義上同一になります．

向きに関しては，通常通り 2 つの選択肢があります．図 3.7("極性束") のように，直線群に対する 2 つの向きの矢頭の付け方に対して，2 つの元の積層の向きに関する右手の規則によって 2 つの極性積層のクロス積の向きを定義します．あるいは，私たちが既に議論した，向きの 2 つの属性——極性と軸性——を認めて，2 つの極性積層のクロス積をその向きが，その定義に対する右手の規則を必要としない軸性の束にすることです．この後者の場合，2 つの軸性積層のクロス積もまた軸性束になります．一方，軸性積層と極性積層のクロス積は**極性束**に定義される必要があります．ここでは，束ベクトルを，$\vec{\vec{J}}$ のように 2 重矢印を上につけた太字で表します．

3.7 押さえと束の代数

押さえと束は矢印と積層の代数と完全に類似の代数規則を持ちます．これらのうちもっとも単純なものは，いつも通り，スカラー倍です．そしてそれ

は (読者が想像する通り) 元のベクトルの大きさに与えられたスカラーを掛けたものを大きさに持ち，向きは元のベクトルと同じものです．また，もしこのスカラーが負の場合は，ベクトルの向きを反転させます．

押さえに対しては，大きさはその面積によって定義されます．したがって，c 倍大きい押さえは元より c 倍の面積の領域を持ち，"矢頭" を持つものとして構成されます．繰り返すと，この新しい領域 (または元の領域) の形は全く何も違いをもたらさないことに注意しましょう．

それに類似して，束にスカラー c を掛けるには，束の直線群の密度に先ほどと同じ数 c を掛け合わせます．混乱なくこれを行う 1 つの方法が，まず最初に，平面たちの群を，束の直線群を含む向きに構成することです．そして，それらに任意かつ一定の量の幅で間隔を空けるようにします．すると，それらの各々が 1 つの平面に横たわり，全ての平面の密度が等しくなるように束の直線群が再配置されます．最後に c を束に掛け合わせます．これは，平面たちの密度を c 倍だけ増やす (すなわち，平面間の距離を減らす) か，または平面たちの間隔を保ったまま，各平面に含まれる直線たちの密度を c 倍します．もちろんこれらは同時に行ってはなりません．もし同時にそれらを行うと束に c^2 を掛けたことになってしまうからです．

2 つの押さえ A と B を足し合わせるためには，まず，そのどちらとも平行でない平面を選び，それから最初の平面に平行な平面を描き，それを任意の量だけ間隔をあけます．また，2 つの押さえの交差線を定義する直線の向きも求めます．今，押さえの形を自由に変えてよいという事実を使って，面積を一定に保ったまま，A と B を共に平行四辺形の形に描くと，それらの 2 つの辺はそれらの交差線と平行になり，別の 2 つは以前選んだ 2 つの平面に横たわります (図 3.8)．すると今，A と B の和である押さえ C は，これらの押さえたちからなる平面の組が作る 2 組の三角形の新たな辺たちによって指定される平行四辺形を面とする新しい押さえとして得られます．またこの新しい押さえの向きは，元の 2 つの押さえの持つ矢印たちの先をつなげてできる三角形の頂点のほうを指す向きとして選ばれます (図 3.8)．

3.7 押さえと束の代数

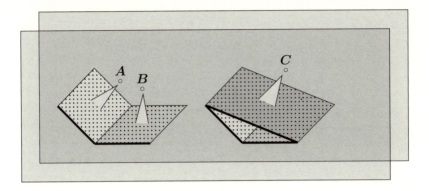

図 3.8 押さえ同士の和

束の場合,手順はもう少し複雑になります.まず最初に,任意の 2 つの束 $\vec{A}, \vec{B}$ は,それら 2 つの束の指定する方向を含む平面の向きを決定するので, 2 つの束全体は 1 つの平面に含まれる直線群の密度を調節することによって,お互いに平行で,任意かつ一定の間隔で並ぶ平面群に含まれるということに注意してください (図 3.9). 以前述べたように,2 つの元の束の直線が全て,各平面上で同じ密度になるようにそれらの平面に位置するように,2 つの元の束を再配置することができます.

いま,そのような平面の 1 つに着目すると,2 組の平行な線の集まりができます.それらはそれぞれ一定間隔で引かれ,お互いに交差するので,平行四辺形の模様を作ります.これはただちに,新しい平行線の組を決定します.すなわち,これらの平行四辺形の対角線からなる平行線の組です (実際には,平行四辺形が持つ 2 つの対角線に対応して,そのような 2 つの平行線の組が存在します.しかし,私たちは,$\vec{A}$ と $\vec{B}$ の矢頭を付けたとき,元の 2 組の方向の間を走る直線を選びます.). もし,これらの新しい平行線の組が各平面に複製されて,それがある 1 つの束 $\vec{C}$ となるなら,それは定義上,元の 2 つの束の和を表しています.

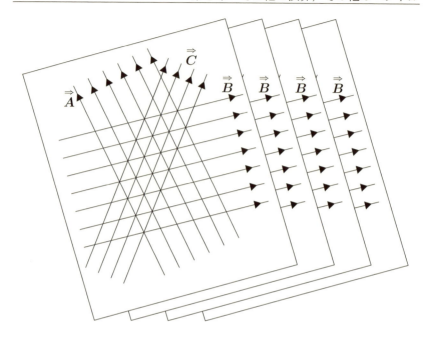

図 3.9 2 つの束の和

章末問題

3.1 図 3.7 で与えられた 2 つの積層のクロス積の定義が反射の下で不変でないことを示しなさい．

3.2 軸性感を 2 つの極性積層のクロス積である束に割り当てる規則を開発しなさい．また，この規則が反射の下で不変であることを示しなさい．

3.3 普遍的な右手の規則が軸性感を極性感に変換するのに使われるとき，前問の解は図 3.7 と無矛盾ですか？ もしそうでないなら，無矛盾になるように，規則を変えることはできますか？

3.4 3.4 節では，2 つの軸性矢印のクロス積に軸性感を割り当てる方法を提案しました．この手続きが鏡の反射の下で有効であり続けることを示しな

3.7 押さえと束の代数

さい．

3.5 図 3.4 の軸性矢印が普遍的な右手の規則によって極性に変換されるとき，2 つの矢印は同じ方向感を持ちますか？ それともそれらは逆ですか？ 同じことを極性矢印が軸性矢印に変換される場合について繰り返しなさい．

3.6 垂直な鏡の反射の下で図 3.4 はどのように見えるか図を描きなさい．そして，その場合について前問を繰り返しなさい．水平な鏡を使った場合，状況は変わりますか？

3.7 2 つの軸性スカラーの積は極性ですか，それとも軸性ですか？ またそれは何故ですか？

3.8 2 つの束を加える構成において (図 3.9) 平面たちは "任意かつ一定の間隔で" 並べられます．このとき，間隔を変えても結果として得られる $\vec{C}$ は変わらないことを示しなさい．

第 4 章

動物園の完成

4.1 再掲：不変性の必要性

　積層と矢印の間の関係に関連して，2.2 節で既に述べたように，数値的な大きさと，もし必要なら，垂直条件によって線状な向き付けと面状な向き付けを同一視することによって，任意の 2 つのベクトル種の間に，(トポロジー的不変性を主張しない限り) いつでも 1 対 1 対応を確立することが可能です．したがって，例えば，与えられた積層と "対応する" 矢印は，その積層に含まれるシートの密度と等しい長さで，その向きがそれらのシートと垂直なものを描くことによって得られます．

　似たような方法で，与えられた押さえに対応する矢印を，その押さえの面積に等しい長さを持ち，かつ垂直な向きにとることによって構築することができます．または与えられた束に対応しては，単位面積当たりの束を構成する線の本数に等しい長さで，束を構成する線に平行な方向を矢印に与えることによって得られます．

　このような対応関係を用いて全ての型のベクトルを矢印に変換し，矢印に関する古典的な演算を実行し，それからその結果を再び元の型のベクトルに戻すことによって，本書で列挙したまだ未完成の和と積の構成法の長いリストを非常に短くすることができないか読者は疑問に思うことでしょう．例え

ば，2つの積層のクロス積が必要なら，(a) それらを矢印に変え，(b) 古典的な矢印のクロス積 (その長さがそれらの矢印で挟まれた平行四辺形となるなど) としてそれらを得，(c) 積である矢印をその矢印の向きを持ち，その長さを線の密度に一致するような束に変換すれば良いでしょう．

任意の空間のゆがみが，垂直性や長さと密度の間の等しさを保持しないことより，そのような手続きが"認められない"ということを本書が読者に教え込み，また既に私たちが**2つの積層のクロス積が束以外の何物でもない**ことを知っているにもかかわらず，奇妙な事実として，前段のレシピが実はよく機能して，トポロジー的不変性を保つような結果を生みます．その場合，その場合だけ，積層から矢印への変換と矢印から束への変換は (中間状態ではなく) 最終結果が任意の空間のゆがみと独立になるように互いに打ち消しあいます．これがどのように起こるかについて説明するために，それぞれ1cm間隔で間隔をあけたシートを持ち，互いに垂直であるような2つの最初の積層の例を考えてください．そして，センチメートルからメートルへの単純なスケール変換を行ってみましょう．最初の系では，2つの積層に対応する2つの矢印はそれぞれ単位長，すなわち1cmの長さを持ちます．しかし，変更された系では，2つの積層は大きさ100を持ちます (何故なら1メートル当たり100枚のシートが存在するからです)．そのためそれらに対応する2つの矢印の長さは100mとなり，それらの"古典的な"クロス積は10,000mの長さになるので，それは元のセンチメートルに変換すると1,000,000cmになり，明らかに最初の系で得たものと全く異なる矢印になります．しかし，これに続けて長さ10,000mのこの矢印を束に変換するなら，単位面積当たり10,000本または1平方メートル当たり10,000本の線を描く必要があります．これは間隔が0.01m，または1cmである格子にそれらを配置することができることを意味します．間違いなくここで得られた束は最初の状態であるセンチメートルを保つことになります．

言い換えると，束として2つの積層のクロス積を定義することの妥当性はまさに空間変換に対するそのような定義の不変性にあります．その一方で，前段のむしろ面倒な議論さえスケールの一様な変更の特別な場合に対するこ

の不変性を証明するだけだった点に注意してください．そしてより多くの仕事が一般化するために必要となるでしょう．その上，各々の場合において，不変性が機能する可能な種類のベクトルが存在さえしないとき，そのような種類のベクトルを探すことが強制されます．例えば，2つの束のクロス積は単なるベクトルの範疇に分類されません．それが私たちがそもそもトポロジー的に定義することができる概念，つまり，測定されていない図に関してのみ入念に学習してきた理由です．

4.2 何がまだ欠けているか？

3.1 節では，クロス積が矢印の対か積層の対の間にのみ存在し，これら2つのベクトルの種類は私たちが知っているその2つである限り正しさを保つように制限されるということを述べました．しかし本当に必要なのは，今から求めるように，クロス積の2つの因子が同じ**方向性**の型を持つということです．すなわち，それらは両方とも**線状な型** (矢印または束) か両方とも**面状な型** (積層または押さえ) である必要があります．それでも，その条件だけではあまりにも弱く，それを満たす6つの組み合わせのうち，4つだけ，すなわち，$\vec{A} \times \vec{B}$，$K \times L$，$\vec{A} \times \vec{J}$，及び $K \times T$ が実際に許容されるということが判明します．残りの $\vec{J} \times \vec{Q}$ と $T \times S$ の2つは上手く機能しないことが判明し，これは私たちがまだ理解していない他の規則があることを示唆しています．

ドット積についてはどうでしょうか？ 本書では元々矢印と積層の間に取られると述べました (2.6 節)．しかしここで再び，必要となるのは2つの因子が逆の方向性の種類を持つということです．これは4つの可能性を与えます：$\vec{A} \cdot K$，$\vec{A} \cdot T$，$\vec{J} \cdot K$，及び，$\vec{J} \cdot T$ の全てが可能になります．ただしこれらのうちの2つは積が通常のものではなく，修正されたスカラーとなります．

このような事実からは，私たちが終わりのない迷宮に迷い込んでいるという印象がぬぐえないかもしれません．各手順を進めるために新しい種類の量

の導入が常に必要となるように思うかもしれません．しかしこれは事実ではありません．本章の最後までに，私たちが実はちょうど7種類の定義可能な動物からなる"動物園"を扱っているということが判明します．そしてそれは平等に上手く定義された演算の下でそれ自身の集合の中できちんと閉じる4種類のベクトルと3種類のスカラーから成り立っています．

4.3 残されたクロス積

まず最初に残りの2つのクロス積を導入する必要があります．1つは矢印と束の間のもの (積層をもたらす)，もう1つは押さえと積層の間のもの (矢印をもたらす) になります．

最初のものの構成法は次の通りです (図 4.1)．まず，与えられた矢印 $\vec{A}$ と与えられた束 $\vec{B}$ を共に含む面の向きを特定することから始めます．そのような面内で，与えられた矢印が束を構成する線のうちの1つからその隣に向かうように束を構成する線を間隔を開けて描きます．この結果，もちろん，面内のこれらの線にある特定の密度を課すことになりますが，面同士の間隔を調節することによって与えられた線たちの2次元密度，すなわち $\vec{B}$ の大きさを保持することができるのでこの操作は許されます．この構成法の結果として，与えられた束と与えられた矢印の両方によって決定された，一定間隔だけ間隔を開けられた面の集まりのうちの1つに，束を構成する各々の線が属します．(a) $\vec{A}$ が2倍にされると，各面に含まれる束の線の間隔もまた2倍になるので，これは面同士の間隔を半分にする．(b) ($\vec{A}$ を一定のまま) $\vec{B}$ が2倍にされると，再び面同士の間隔は，束のすべての線に対応させるために半分にならなければならないということが分かります．方向関係に関しては，(c)($\vec{A}$, $\vec{B}$ の大きさを保ったまま)$\vec{A}$ の方向を $\vec{B}$ の方向に近づければ近づけるほど，実際の面内の線の間隔はどんどん小さくなることもまた明らかです．そのため，面たちの密度もまたどんどん小さくならなければばなりません．この振る舞いから考えて，**この面達からなる系によって定義される積層 C が矢印 $\vec{A}$ 及び束 $\vec{B}$ のクロス積であると解釈できる**ことは驚くべきことではないでしょう．その方向感は，普遍的な右手の規則 (図 3.6)

4.3 残されたクロス積

によって決定される極性のものか,適切な渦輪によって指し示される軸性のもののいずれかです[*1].

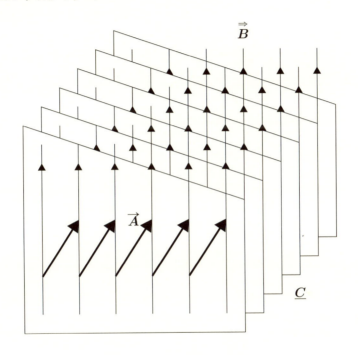

図 4.1 矢印と束のクロス積

2 番目の構成法——押さえ A と積層 B の間のクロス積——はまず,押さえを積層の隣り合うシートの間に置き,その形を,2 つの平行な辺がそれぞれそれら 2 つのシートに含まれるような平行四辺形に変形して配置します (図 4.2). これが出来るのは,押さえで固定されているのはその**面積**だけで,形は自由に変えてよいからです.すると,平行四辺形の一方の辺が作る線分,すなわち,積層のシートの一方に横たわる線分によって作られる矢印がそのクロス積になります.

[*1] 訳注:当然,反射の下での不変性を要請するなら,軸性になります.

第 4 章　動物園の完成

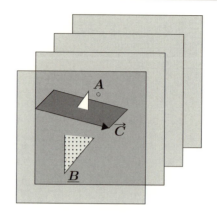

図 4.2　押さえと積層のクロス積

　図 4.2 では $\vec{C}$ の方向感を図のような矢印で示しました．すなわち，こうしてそれは極性ベクトルとして作られたことになります．(恐らくより正確な) 軸性方向感が A から B に向かう渦輪によって指し示されますが，これは普遍的な右手の規則によって変換しました．

4.4　さらなるドット積：スカラー密度と容量

　ドット積に関しては，これまではたった 1 つ (矢印と積層の間のもの) しか定義しませんでした．しかし，より多くの種類のベクトルが実際には現れていることから，再び新しく定義する必要があります．実際，3 つの新しいドット積が今可能となり，そのうちもっとも単純なものが束と押さえの間のものです．それは単に**押さえを貫く束の線の本数**です (図 4.3)．矢印と積層の間のもののように，ここでの結果は単なる数え上げによって得られ，したがって全ての連続な空間変換で不変になります (そのような変換は，与えられた閉曲線を貫かない線を貫く線に変換することができないため)．

　図 4.3 では $A \cdot \vec{B}$ は 9 になります．この新しいドット積の符号は束の線が押さえ自身の向きに貫くとき正となり，そうでなければ負となります．言うまでもなく，全ての同様の例のように，(両方でなく) 片方の因子が軸性な

4.4 さらなるドット積：スカラー密度と容量

ら，結果は軸性スカラーあるいは擬スカラーになります．

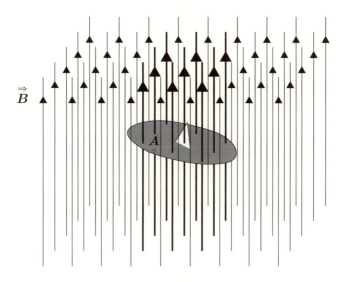

図 4.3 束と押さえのドット積

いま，束と積層の重ね合わせで，その交点が，ある密度を持った "点の集まりからなる雲" を定義するものを考えましょう．私たちがそれらのドット積であるとみなすのはこの密度です．ただし，それが (輪を貫く線の本数や，矢印がまたがるシートの枚数のように) 単に対象を数えることによってではなく，**単位体積当たりの対象の数を数えることによって定められること**より，それは単なるスカラーではありません．したがって，空間の任意の変換で不変ではないですが，その変化は体積要素の大きさのみに依存するので特に単純です．私たちの目的のために，この新しい種類の量に例えば，**群れ**のような模式図的な名前を発案することが出来るかもしれません．しかし，すぐに明らかになる理由から，ここではいま，より平凡な用語**スカラー密度**を選び，模式図的な表現を控えることにします．

押さえと矢印の間に構成される，考慮すべき可能なドット積が 1 つ残さ

れています (他のすべてのドット積と同様に，2つの因子の順序は重要ではありません)．それは**与えられた押さえが与えられた矢印で移動されたときにそれによって掃き出された体積**として定義され (図 4.4)，**スカラー容量**と呼ばれる量になります．スカラー密度と同様，それは空間変換に対して不変ではなく，体積要素の大きさに応じて変わります．しかし，スカラー密度が**単位体積当たりの対象の個数**であり，スカラー容量それ自体が**体積**であることより，これら2つはお互い正確に逆の変化をします．実際のところ，スカラー密度とスカラー容量の積は単なるスカラーであることに注意しましょう．

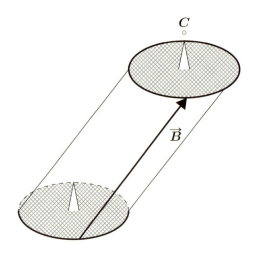

図 4.4 押さえと矢印のドット積

4.5 命名法の形式化

私たちは今，4種類のベクトルと3種類のスカラーから構成される，7種類の量からなる動物園の導入を完成させました (もちろん，極性と軸性を分けるならばこの数は2倍になります)．多くの場合，本書ではそれらに ("矢印" や "積層" など) 模式図的なあだ名を与えてきました．次の表に示すよう

4.5 命名法の形式化

に，これらのあだ名を一般的な使用のためにより正式かつ形式的な名称で置き換えるべきときがやってきました：

模式図的	正式かつ形式的
矢印	反変ベクトル
積層	共変ベクトル
束	反変ベクトル密度
押さえ	共変ベクトル容量
?	スカラー
群れ？	スカラー密度
?	スカラー容量

この新しい専門用語は，本書でこれまで注目していなかった多くの関係を示唆しています．ここではまず，これらを純粋に言葉による推論として列挙し，それからそれらの正当性を確かめます．

- ベクトルは，その方向性が**線状**であるとき[*2]"反変"であり，**面状**であるとき，"共変"であると分類されます．頭につくこれらの用語は，これらの方向性の型がある意味お互いに真逆であることを意味しています．
- 方向性の型の反対性は，各々の型のベクトルのいずれかを組み合わせたドット積が方向を持たない積，すなわち，スカラーのうちのいずれかをもたらすという観察によって支持されます．
- (既に見てきたように) スカラー**密度**とスカラー**容量**の積が**普通**のスカラーになるという事実は，「密度」と「容量」が次元とは無関係に正反対に機能し，それがまたドット積について上手く働く理由になるということを示唆しています．したがって，例えば，反変ベクトル密度 (束) と普通の共変ベクトル (積層) のドット積はスカラー密度にな

[*2] 訳注：ここでいう"線状"とは，その方向性が「矢印ベクトル」か，「束ベクトル」のものであることを意味し，「極性」か「軸性」かは問わないことに注意しましょう．

り，反変ベクトル密度 (束) と共変ベクトル容量 (押さえ) は普通のスカラーになります．同じ規則がほかの場合についても成り立ちます．

- 記号 × それ自体に，密度と変化する次元の両方に関して 0 でない値の属性を割り当てる必要があるという点でクロス積の状況はやや複雑です．具体的には，3 重反密度または 3 重共容量のいずれかとして考えなくてはなりません[*3]．例えば，方程式 $\vec{A} \times \vec{B} = \vec{C}$ において，後者を選ぶ必要があるので[*4]，2 つの "反" と 3 つの "共" が結合して単一の "共" になるので，容量が残ります．結果はもちろん，共変ベクトル容量あるいは押さえです．読者はこの規則を他のクロス積にもまた確認することができます．また，本書で不可能といった組み合わせ，$\vec{J} \times \vec{Q}$，及び $\vec{T} \times \vec{S}$ については，それぞれ共変ベクトル密度または反変ベクトル容量をそれらの結果として要求しますが，そのどちらも私たちの動物園には存在しないことに注意してください (4.6 節を見よ)．

- 前述の規則は読者にとって，規則を破棄して結果を暗記することが好ましいと思えるほどに複雑に思われるかもしれません．そしてそれは多分その通りでしょう．ここでは，それにもかかわらず，のちの段階でより一般的な N 次元空間の知識に移行したい人々のためにそれを述べました．そしてそのとき対応する拡張された規則は有益になるでしょう．

[*3] 訳注：記号 × 自体が 3 重の反変で単一の密度を持つとするか，あるいは 3 重の共変で単一の容量を持つとするということ．クロス積を実行した後にできたものは単一の共変または反変ベクトルであり，そのうえで，私たちの動物園の型のいずれかでなければなりません．

[*4] 訳注：$\vec{A}$ と $\vec{B}$ はともに反変ベクトルですので，反が 2，密度または容量が 0 となります．クロス積の結果生成されるベクトルが単一の反または共になるためには後者である 3 重共容量を記号 × に割り振る必要があり，その結果，この演算の後に残るのは，共が 1 つと容量が 1 つの共変ベクトル容量になりますがこれは私たちの動物園に存在するので，この積がうまく定義されることが分かります．

4.6 「共変」と「反変」の幾何学的意味

　「共変——」および「反変——」が2つの可能なベクトルの方向性の型を指し示しているという観察は正しいものです．しかし，それはこれらの専門用語の由来ではありません．むしろこの頭につく用語は空間が圧縮されたときにそのベクトルの大きさに何が起こるのかを述べたものです．圧縮がベクトルの方向に沿って取られるなら，それは"共変"ベクトルを圧縮の総量だけの比率分大きくします (何故ならそれらのシートは互いに近付けられるからです)．それに対し，"反変"ベクトルは同じ割合で小さくなります (何故ならそれらの矢印は短くなるからです)．これは，もちろん，何故反変ベクトルと共変ベクトルの間のドット積がスカラー，すなわち，空間が圧縮されたときに変化しない量であるかを説明します．

　ただし，単語 "密度"(またはその逆である "容量") がベクトルの名前に現れるなら，状況は修正されます．この修正を理解するために，まず最初にスカラー密度とスカラー容量を考えましょう．これらのうちのいずれも，もちろん，いかなる方向も持ちません．しかし，それらは空間がある方向に沿って圧縮されるとき，線形圧縮の総量に比例して密度は増加し，容量は減少するように修正されます．この振る舞いを考えると，"反変ベクトル密度" が反変ベクトルとスカラー密度の性質を組み合わせたものになるというのは驚くべきことではありません．その空間がベクトルの方向に沿って圧縮されると，その大きさは比例して減少する (何故ならそれは反変だから)．その一方で同じ割合で増加もする (何故ならそれは密度だから)．その結果，それは全く変わりません．しかし，横方向に圧縮すると，矢印の大きさは変わらない (何故ならそれはベクトルだから) が，その割合だけ増加します (何故ならそれは密度だから)．これよりその割合だけ増える結果になります．これがまさに束の振る舞いであると認識するのは簡単です．同じ推論がまた働き，共変ベクトル容量 (押さえ) について，逆の結果が成り立つことがすぐに分かります．

　こうしていま，私たちはどうして私たちが，例えば，"共変ベクトル密度"

のようなものを含めないのか，何故私たちの動物園が4種類のベクトルに限定されるのかということを最終的に理解することができます．それは単に，そのような実体は，その方向に沿って圧縮されるか，それに垂直な方向に沿って圧縮されるとき，圧縮の総量に従って非線形に変化する必要があり，単純な描像ではそれを表すことができないからです．

4.7　スカラー密度またはスカラー容量との積

まだ明確には議論をしていませんが，密度を含むスカラーとベクトルの間のいくつかの積演算が残されています．内容の完全性という点でこの節では必要な演算を述べますが，読者はそれを暗記する必要がないということを理解しましょう．**ある積が存在すると仮定すると**，単に要求される種類の対象を生成するものを探し出すことによって対応する構成法を探し出すのは簡単です．したがって，たとえば，スカラー密度と反変ベクトル密度の積を構成するように言われた場合，すぐに"反変ベクトル2重密度"なんていうものが私たちの動物園に存在しないので，要求された積が存在しないことが分かります．(2重密度の"非存在性"の理由は，もちろん，前節で議論したのと同じ理由です．)

存在する積の構成法は次のとおりです[*5]：

- 矢印掛けるスカラー密度 ($\rho\vec{A}$)：矢印の向きに線たちを構成し，その線の中で，矢印の長さだけ間隔を空けたスカラー密度の"点の粒子"を配置しなさい．またこのとき，線たちの間隔は，線に含まれた点の粒子たちの密度がスカラー密度に一致するようにとります．結果は要求された束を構成する線の集まりです．
- 束掛けるスカラー容量 ($\sigma\vec{A}$)：束の線群を，束の線を横切る任意の平面上で，交差部が平行四辺形の小窓状の格子を構成するように，束の線を構成しなさい．次に，底面がこれらの平行四辺形の格子で，残り

[*5] 訳注：以下，章末問題の表記に従って，ρ をスカラー密度，σ をスカラー容量としてカッコ内に積を表す数式を付記しました．

4.7 スカラー密度またはスカラー容量との積   55

の辺が束の線の方向に沿い，体積が与えられたスカラー容量に等しい平行六面体になるように束の線に沿った辺の長さを調節してください．その残りの辺が (長さと向きも含めて) 要求された矢印です．

- 積層掛けるスカラー容量 ($\sigma\underline{\boldsymbol{A}}$)：容量 (それは体積です) を与えられた積層の 2 つのシートの間にぴったり合う円柱に構成しなさい．積層のシートに横たわる底面が要求された押さえです[*6]．

- 押さえ掛けるスカラー密度 ($\rho\underline{\boldsymbol{A}}$)：押さえを平行四辺形に形成しなさい．そして，そのような平行四辺形たちで埋め尽くされた面を構成しなさい．各々の中心に点の粒子を置き，そして点の粒子の密度が与えられたスカラー密度になるようにそのような同一面たちの間隔を開けます．この面の集まりが要求された積層です[*7]．

スカラーは逆数を定義できるので単に掛けるだけでなく割ることもできるということも注意しておきましょう．このようにしてさらに 4 つの構成法が得られます．それらはただし，それぞれ上で与えられたものと等価です[*8]．

[*6] 訳注：この積は縦方向の圧縮でスカラー容量の減少分だけ積層の密度は増加するので積全体としては変わらず，横方向の圧縮では積層は不変ですがスカラー容量は減少するので積全体も減るので押さえになります．またこの押さえの大きさを S，積層の大きさを α，スカラー容量の大きさを β とすると，スカラー容量の表す体積に関して $\beta(\text{体積}) = \frac{1}{\alpha}(\text{高さ}) \times S(\text{底面積})$ が成り立ちますので，$S = \beta\alpha = |\sigma||\underline{\boldsymbol{A}}|$ となり，大きさも正しく計算できていることが分かります．

[*7] 訳注：押さえ $\underline{\boldsymbol{A}}$ の面積を a，単位体積当たりの点の粒子の個数 (つまり，スカラー密度) を ρ 個，得られる積層 $\underline{\boldsymbol{B}}$ のシート間隔を d とすると，単位面積に $\frac{1}{a}$ 個の押さえがあり，単位面積を持つシートたちからなる積層は，単位体積当たり $\frac{1}{d}$ 枚のシートを持つので，それぞれのシートたちに含まれる押さえに 1 つずつ点の粒子を置いたとすると，単位体積当たりの点の粒子の個数は単位体積当たりの押さえの個数に等しいので，$\rho = \frac{1}{d} \times \frac{1}{a}$ より，$\rho a = \frac{1}{d}$，つまり，$\rho|\underline{\boldsymbol{A}}| = |\underline{\boldsymbol{B}}|$ が成り立つことが分かります．

[*8] 訳注：例えば，スカラー密度 ρ は単位体積当たりの点の粒子の個数 (個/L^3) なので，その逆数 $1/\rho$ は点の粒子 1 個当たりの体積 (L^3/個)，つまりスカラー容量になりますので，積層をスカラー密度で割ったものは押さえになります．

章末問題

4.1 "点の集まりからなる雲"としてスカラー密度 ρ と体積としてのスカラー容量 V の図から始めて、積 ρV の純粋に幾何学的な定義を求めなさい。それは、もちろん、純粋なスカラーであり、空間のゆがみとは独立です。

4.2 図 4.2 の構成法から始めて、クロス積 $(\underset{\circ}{A}+\underset{\circ}{B})\times \underset{\circ}{C}$ が $\underset{\circ}{A}\times \underset{\circ}{C}$ と $\underset{\circ}{B}\times \underset{\circ}{C}$ の和であることを純粋に幾何学的に証明しなさい。

4.3 $(\underset{\circ}{A}+\underset{\circ}{B})\cdot \vec{C}$ に対して類似の証明を与えなさい。

4.4 3つの矢印に対する"3重スカラー積" $\vec{A}\cdot \vec{B}\times \vec{C}$ を考えなさい。積の順序を指定するカッコが存在しないにもかかわらずその意味が明確である理由を述べなさい。この3重スカラー積は動物園のどのような種類に属しますか？

4.5 $\vec{A}\cdot \vec{B}\times \vec{C} = \vec{A}\times \vec{B}\cdot \vec{C}$ を証明しなさい (もちろん幾何学的に)。

4.6 3つの積層の3重スカラー積 $\underset{\circ}{A}\cdot \underset{\circ}{B}\times \underset{\circ}{C}$ を議論しなさい。$\underset{\circ}{A}\cdot \underset{\circ}{B}\times \underset{\circ}{C} = \underset{\circ}{A}\times \underset{\circ}{B}\cdot \underset{\circ}{C}$ を証明しなさい。

4.7 3重スカラー積 $\vec{A}\cdot \vec{B}\times \vec{C}$ は私たちの観点で定義可能ですか？ $\vec{A}\times \vec{B}\cdot \vec{C}$ についてはどうですか？

4.8 ρ をスカラー密度 ("群れ") とします。与えられた 2 つの矢印 $\vec{A}$ 及び $\vec{B}$ に対して、$(\rho\vec{A})\times \vec{B} = \vec{A}\times (\rho\vec{B})$ を示しなさい。

4.9 σ をスカラー容量とします。与えられた積層 $\underset{\circ}{A}$ 及び矢印 $\vec{B}$ に対して $(\sigma\underset{\circ}{A})\cdot \vec{B} = \sigma(\underset{\circ}{A}\cdot \vec{B})$ を示しなさい。

第 5 章

場と幾何学的計算

5.1 場

　場とは，各点に特定の量の値が定義されている空間領域です．例えば，矢印や押さえの場や，スカラー場を考えることができます (形式的な用語では，最初の 2 つは，今すでに分かっている通り，反変ベクトル場および共変ベクトル容量場です．)．場は対応する量に関する幾何学的記号を空間に割り振ることによって絵的に表すことができます．例えば，矢印の場を，空間を覆う矢印たちからなる"森"として描くと，それぞれの長さと位置は，その位置の矢印場の値に対応します．そのようにするにはただし，**模式図の大きさの問題**に再び直面しなければなりません．具体的には，矢印の場の値がある矢印の両端の位置で (明らかに) 異なる場合，私たちは何をすべきでしょうか？　あるいは，積層の場が非常に弱く，その値があるシートから次のシートへと移るとき（明らかに）異なる場合は？

　この問題に対する答えは，2.3 節で空間変換に関してすでに議論したのと本質的に同じです．望まれる程度まで記号を小さくするスケールを選択することは常に可能です．例えば，元の積層の各シートに対し，それぞれ 9 枚の余分なシートを挿入することにより，それらの密度を 10 倍に増やすことができます．それと同時に，積層を測定するスケールを変更して，新しいもの

が古いものと同じ物理量を表すように調節します．積層を定義するには2枚のシートがあれば十分なのでその図形はいま，10倍小さくなります．このようにして積層のシートの枚数が，その場の値があからさまに変化しない空間領域に収まるというここでの基準が満たされるまで，細分化を続けることができます．

　第2の例として，スカラー密度場は"点"の密集した空間領域として表すことができます．ここでは再び，(そうして良いように) 場の値がほぼ一定であるような体積に多くの"点の粒子"が含まれると仮定しています．ちなみに，空間変換が連続的かつ微分可能であるという本書での以前の要求は今や場それ自体に対する制約になります．

　スカラーは単純に数値であり，この時点までいかなる幾何学的表現も必要ではありませんでしたが，スカラー場に対しては幾何学的表現を持たせるのが便利です．私たちは「等ポテンシャル面」の集まりを使います．それはすなわち，問題のスカラーが一定の面になります．そしてそれらの間は，ある一定の増分で値が変化するものとします (図 5.1)．ここでも，この増分がそれらの面がほぼ平坦になるように十分小さく選ばれ，かつ，それらの多くを含む領域でそれらがほぼ一定の量だけ間隔が空けられていると仮定します．

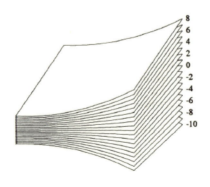

図 5.1　スカラー場

5.2 勾配 (gradient)

すべてのスカラー場は自動的に積層場を表します．このやや驚くべき事実を理解するために，スカラー場 Φ を等ポテンシャル面からなる集まりとみなします (前節同様，それらのスケールは数多くのシートを含む空間でそれらの間隔と向きがほぼ一定になるように選ばれているものと仮定します[*1]．)．メロン・ベイラー (メロンから小さな球状の塊を切り取るために使用される) のような道具を使って，空間の小さな領域を切り取ることを想像しましょう．それはいま，お互いにほぼ平行で，ほぼ均等に間隔が空けられたいくつかの面の小片を含んでいます (図 5.2)．

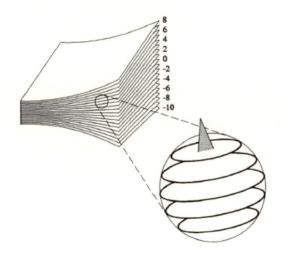

図 5.2　勾配の構成法

まさにそこには，その位置に関連付けられた積層 k があります．その積層の向きに関しては，元のスカラー場の値が小さいほうから大きいほうへ指す

[*1] 訳注：玉ねぎの球殻状の等ポテンシャル面の層からなるスカラー場も十分拡大すればほぼ等間隔でほぼ平面状のシート群からなることに注意しましょう．

向きにその矢頭の向きは取られます．もし Φ が軸性スカラーならば，$\underline{k}$ はもちろん軸性積層です．その軸性積層は Φ が増加する方向に見たときに，右ねじが進む向き (あるいは左ねじが戻る向き) に描きます．

私たちは，$\underline{k}$ が Φ の勾配 (gradient) であると主張することによって，$\underline{k}$ と Φ の間の関係を記述し，この関係式を

$$\underline{k} = \text{grad } \Phi \tag{5.2.1}$$

として記号化します．すると次の積分恒等式が成り立ちます：

$$\Phi_2 - \Phi_1 = \int_1^2 (\text{grad } \Phi) \cdot \overrightarrow{dr} \tag{5.2.2}$$

この積分は点 1 から点 2 に向かう任意の経路に沿った線積分であり[*2]，$\overrightarrow{dr}$ はこの経路上の無限に近い隣り合う 2 点を結ぶ矢印になります．また，Φ_1 と Φ_2 は，2 点 1,2 での Φ の値になります．何故この式が成り立つのかを理解するために，$\underline{k} \cdot \overrightarrow{dr}$ が定義上，矢印 $\overrightarrow{dr}$ がまたぐ積層 $\underline{k}$ のシートの枚数を意味することを思い出してください．そして，この積層のシートが Φ の等ポテンシャルシートと等価であるので，$\underline{k} \cdot \overrightarrow{dr}$ は無限小変位 $\overrightarrow{dr}$ がまたぐ等ポテンシャルシートの枚数，すなわちこの変位に対応する Φ の値の変化になります．それゆえこの差を点 1 から点 2 まで積分すると，スカラー Φ の全変化量が得られることになります．

積分恒等式 (5.2.2) はしばしば "定理" と呼ばれるにもかかわらず，幾何学的に定式化されるとその論理性は明らかであり，わざわざ定理などと呼ぶべきものでないことが分かります．簡単な系として，式 (5.2.2) の左辺が 2 点をつなぐ経路の選び方によらないことより，右辺もまた経路によらず同じ値になるというのがあります．特に，閉じた経路を回る線積分では，結果は常に 0 にならなければなりません．

[*2] 訳注：ここでの積分の上端と下端に現れる数字 1,2 は，言うまでもなく空間内の 2 点に付けた "ラベル" であり，数値として扱っているわけではないことに注意しましょう．

5.3 回転 (curl)

前節での勾配の構成法より，自然に逆の質問が導かれます．空間内で連続的に変化する積層場が与えられているものと仮定しましょう．その"微小なシート"を，スカラーの等ポテンシャルとして解釈できる巨視的なシートに結合するように配置することは可能でしょうか？ 言い換えれば，任意の積層場をスカラーの勾配として描くことはできるでしょうか？ 答えは一般的には「No」です．このことをはっきりさせるために，以下の反例を考えてみましょう (図 5.3)．積層場が一定の方向を持つようにして，そのシートたちが，例えば，常に水平であるようにします．そして，その大きさを水平方向，例えば左から右に向かって増加するように設定します．明らかに，これら個別の積層のシートたちを継ぎ目なく結合する唯一の方法は水平方向から外れて所々で曲げることです．しかし，これではもはやこの積層場に対して指定された一定の方向を持ちません．

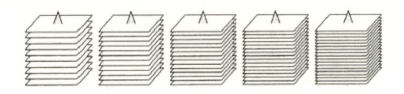

図 5.3 連続的に結合できない積層場

しかし，「微小なシート」を，単に**可能な限り大きな面**に結合することは常に可能です．これは，所々で新しい面が始まり (図 5.4)，"緩やかな縁" が生成される必要があることを意味します[*3]．これらの緩い縁たちが，それ自体で束の場を構成することは明らかです．そしてその空間内での各点での値は，これらの縁たちのパターンに"メロン・ベイラー"を適用することによって得ることができます．

[*3] 訳注：「緩やかな」と断ったのは，たとえ積層場とはいえ本来連続な場だからです．

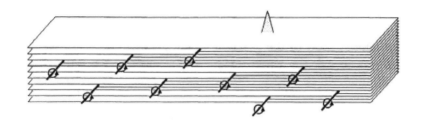

図 5.4　回転の定義

　この束の場の方向感はきちんと言えば軸性であり，各線に対する渦輪は，(例えば) そこで終わる積層のシートを見て，そのそれ自体の矢印が元々現れたシートの側から始まり，図 5.4 のように反対側に回り込むことによって描くことができます (当然，積層場が軸性の場合，新しい場は極性です．) [*4].

　この構成法で得られる束の場は元の積層場の**回転**と呼ばれています．新しい場の名前を $\vec{S}$ とし，元のを $\boldsymbol{k}$ とすると，この関係は

$$\vec{S} = \operatorname{curl} \boldsymbol{k} \tag{5.3.1}$$

という形の式で書かれます[*5]．$\boldsymbol{k}$ それ自体が，あるスカラー場 Φ の勾配であるなら，そのシートはいかなる緩い縁を発生させることもなく一緒に戻ることができますので，任意のスカラー場 Φ に対し，

$$\operatorname{curl} \operatorname{grad} \Phi = 0 \tag{5.3.2}$$

[*4] 訳注：新しく表れたシートから積層の矢頭の向きに回る渦輪です．鏡の反射を試してみてください．

[*5] 訳注：例えば，中央部に縁がある放射状に配置されたシートを持つ積層を磁場 $\boldsymbol{H}$ とし，中央部の縁の密度を電流密度 $\vec{J}$ としその本数を電流 I とすると，積層 $\boldsymbol{H}$ のシートの密度は中心にある軸から R 離れたところでは $\frac{I}{2\pi R}$ になるので，その点での磁場の大きさは，$|\boldsymbol{H}| = \frac{I}{2\pi R}$ を満たすので，自然にアンペールの法則が得られます．このとき，定義より $\operatorname{curl} \boldsymbol{H} = \vec{J}$ が成り立ち，これは変動電場がない場合のアンペール-マクスウェルの式です．

5.3 回転 (curl)

という自明な恒等式が得られます．これを言葉で述べると，「**任意の勾配の回転は恒等的にゼロになる**」となります．

閉じたループに沿った線積分

$$\oint \underline{k} \cdot \vec{dr} \tag{5.3.3}$$

を考察すると，同じ関係のより複雑な拡張が得られます．これは $\underline{k}$ が勾配であるときは消滅することを以前示しました．そうでない場合，差分 $\underline{k} \cdot \vec{dr}$ は依然として差分変位 $\vec{dr}$ がまたぐ $\underline{k}$ のシートの枚数になります．さて，これを閉じたループの周りで積分すると，順路方向に進んだ際に交差するシートの枚数が，戻ってくる経路で交差するシートの枚数で打ち消されないようにできる唯一の方法は，このループ内でこれらのシートたちのいくつかが終端を持つようになっていなくてはなりません (図 5.5)．

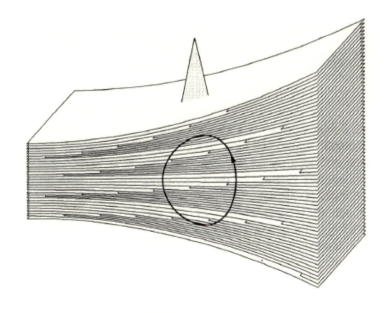

図 5.5 ストークスの定理

それらを数えるために，このループが囲む面を自由に描き[*6]，それを無限小の押さえ $d\underline{\Sigma}$ に分割し，各押さえを縫い合わせる緩やかな縁の数の和を取ります．束と押さえのドット積の定義を思い出すと，恒等式

$$\oint \underline{k} \cdot \vec{dr} = \iint (\mathrm{curl}\ \underline{k}) \cdot d\underline{\Sigma} \qquad (5.3.4)$$

が得られます．ここで，左辺の線積分は任意の与えられた閉じたループで，右辺はその閉じたループが囲む任意の面です．ここから，左辺が与えられたループを囲む面に独立であることから，同じことが右辺に対しても成り立たなければならないという系が成り立ちます．具体例である図 5.5 では，上向きの経路 (それは積層の向きです) でループは 35 枚のシートを横切り，下向きの経路では 30 枚を横切るので，両辺の積分はどちらも +5 という値になります．

古典的には式 (5.3.4) は，一般に「ストークスの定理」と呼ばれます．しかし，再びここでもその幾何学的論理はあまりにも明らかでわざわざその名で呼ぶ利点はありません．

5.4 発散 (divergence)

たった今言及した系は，S が**閉曲面**を表し，微分押さえ $d\underline{\Sigma}$ が一貫してこの閉曲面で囲まれる体積の**外側**を指すとき

$$\iint_S (\mathrm{curl}\ \underline{k}) \cdot d\underline{\Sigma} = 0 \qquad (5.4.1)$$

として書き換えることができます．したがって，式 (5.4.1) は，いかなる閉曲面からもこの束の場 curl $\underline{k}$ の正味の線が出ていかないことを述べています[*7]．幾何学的には curl $\underline{k}$ の線は積層場 $\underline{k}$ の「微小シート」を (可能な限り) 互いに結合することによって得られるシートたちの「緩やかな縁」であ

[*6] 訳注：もちろんこの閉じたループが囲む面の "縁" はその閉じたループに固定されますが，面自体はゴム膜のように自由に変形したものが選べることに注意してください．
[*7] 訳注：出ていく束の線と入ってくる束の線の本数が等しいということ．

5.4 発散 (divergence)

り，(シートの) 面の端が終端を持てないことよりこれは明らかです[*8]．面の端は，それ自体で閉じるか，領域から外れます．したがって，与えられた閉曲面から出ていくいかなる緩い縁もそれに入っていかなければなりません．

その一方で，任意の束の場 $\vec{J}$ については curl $\bm{k}$ のように，始点または終点を持たない連続した「流線」から構成されているという言明は成り立ちません．事実，前節でした質問の 1 つに類似した質問をここでもすることができます．「与えられた任意 (ただし連続の) の束の場に対してその "微小曲線" を連続的な巨視的 "流線" になるようにつなげることはできますか？またその場合，どうすればそれができますか？」 明らかにそのような構成法は所々で始点と終点をもつ流線を持ちます．明らかに同様に，これらの緩い終端の密度はそれ自体でスカラー密度を表します．それは，$\vec{J}$ の流線が始まるところは正で，終端では負であると定義します．このスカラー密度 ρ は任意の与えられた束の場に対して計算することができ，それは束の場の**発散**と呼ばれます．記号で書くと，

$$\rho = \text{div } \vec{J} \tag{5.4.2}$$

と表されます．$\vec{J}$ それ自体が何らかの積層場 $\bm{k}$ の回転であった場合，それは発散を持たないので，直ちに任意の共変ベクトル場 $\bm{k}$ に対して

$$\text{div curl } \bm{k} = 0 \tag{5.4.3}$$

が成り立ちます．

勾配および回転の場合と同様に，発散の定義は次のように直ちに積分恒等式を導きます．微分押さえ $d\underset{\circ}{\Sigma}$ が閉曲面の構成要素 (いつも通りその方向感が外向きを指しているものとして) であるとき，ドット積 $\vec{J} \cdot d\underset{\circ}{\Sigma}$ の閉曲面上の積分を考えると，この曲面から出ていく $\vec{J}$ の流線の正味の本数が得られ

[*8] 訳注：シート同士の不連続なつなぎ目は，有界であれば閉じている必要があることに注意してください．したがって curl $\bm{k}$ を構成する線たちは全て始点も終点も持たない特別な束になっています．

ます．この本数は，この曲面の内側で生まれた (または死んでいる) ような $\vec{J}$ の曲線がある場合にのみ 0 とは異なる可能性があります (図 5.6)．

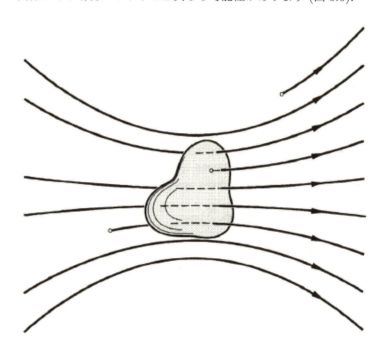

図 5.6　ガウスの発散定理

ここでしかし，div $\vec{J}$ がそのような始点または終点の密度であるため，体積要素を表す微分スカラー容量*9 $d\tau$ を div $\vec{J}$ に掛けて，この曲面によって囲まれた体積に渡って積分することによって同じ本数を得ることができます．言い換えれば，任意の閉曲面に対し，

$$\iint \vec{J} \cdot d\vec{\Sigma} = \iiint (\mathrm{div}\, \vec{J}) d\tau \tag{5.4.4}$$

---

*9 訳注：スカラー容量が体積の単位，つまり長さの次元乗の単位を持ち，スカラー密度が長さのマイナス次元乗の単位を持つことを思い出してください．

が成り立ちます．この関係はしばしば**ガウスの発散定理**として知られています．

5.5 逆演算

積分恒等式 (5.2.2) は勾配とは逆の演算，すなわち，勾配 grad Φ が与えられたときの位置 $\vec{r}$ の関数 Φ($\vec{r}$) を求める演算を定式化するために使うことができます．ここではそれを単に不定線積分として書きます．

$$\Phi(\vec{r}) = \int (\text{grad } \Phi) \cdot \vec{dr} \tag{5.5.1}$$

もちろん，与えられた積層場の回転はすべての点で消えなくてはなりません[*10]．もしそうでないなら，この線積分は経路と独立でなく，式 (5.5.1) を無意味にします．

不定積分には常に任意定数が加えられているため，勾配の逆は定数項が加えられた形でのみ決定できます．確かにこれは勾配の定義から明らかです．何故なら Φ に加えられる定数は等ポテンシャル面の**ラベル**だけを変更して，それらの幾何学的模様は変更しないからです．あるいは定数は式 (5.5.1) を任意に選ばれた固定点 $\vec{r_0}$ から可変点 $\vec{r}$ に渡る**定積分**に変更することによって明示的にすることができます．

回転に対する対応する演算，——すなわち，束から積層場を構築する演算であって，その積層場の回転がその束の場に等しくなるようなもの—— は "洗濯物を掛ける" 構成法によって幾何学的に便利に定義されます[*11]．

それを実行するために，まず，与えられた束の場が発散を持たない，すなわち，連続的な，無限長の流線で構成されているか，あるいはそれがいかなる回転も持たないものでなければならないことに注意しましょう．これらの流線を頑丈な洗濯物干し線として視覚化し，それぞれから想像上の重力の下でまっすぐに垂れ下がった片側に無限に伸びたシートを掛けてください．こ

[*10] 訳注：全点で回転が消える積層場 $\underline{k}$ に対して，$\int \underline{k} \cdot \vec{dr} = \Phi(\vec{r})$ と置けるということ．

[*11] 訳注：式 (5.5.1) に対応する演算はこの場合，式 (5.3.4) になりますが，積分で定義できる量が通常スカラーのみのため，(5.5.1) の場合と異なり積分では直接定義できません．

れらのシートは望まれた積層場になります*12. 何故なら定義により, その回転は, その回転が取られるべき積層場の緩い縁からなるからです.

"洗濯物を掛ける" 構成法は任意に選ばれた垂直方向に対してどこでも平行なシートたちからなる積層場を生成します. そしてそれは直ちに回転の逆演算の解が決して一意ではないことを示しています. 実際, 回転がゼロである任意の積層場, すなわち, それ自体が何かの勾配であるような任意の積層場を加えることができます.

最後に, 発散の逆演算を検討しましょう. この場合, ある点は負であり, またある点は正である「粒子」からなるスカラー密度——点の集まりからなる雲, または本書で以前 "群れ" と呼んだ——が与えられています. この "群れ" によって発散が与えられた束の場を求めるには, 各正の粒子と負の粒子を任意の連続曲線で結び, 得られた曲線の集まりを望まれた束の場の流線の集まりと見なすだけでよいです. 回転の場合と同様に, この解の非一意性は直ちにはっきり確認できます. 実際, これらの解のいずれかは発散がゼロ, すなわち, その流線たちが始点も終点も持たないようなものを持つ別の束の場を加えることによって任意の別の解に変えることができます.

5.6　微分演算の意味

当然のことながら, 読者は, 古典的な扱いでは, 本書で元々式 (1.2.4-6) たちで指定されているように, 勾配, 回転, および発散が空間内の**微分演算**であることに気付くでしょう. 言い換えれば, それらはある意味隣接する点同士の間で, 与えられた場が異なる度合いを測定したものになります. 特に, 適用される場が空間内で一定であれば, これら 3 つ全てが恒等的にゼロであることが分かります (逆はもちろん当てはまりません). 本書での純粋に幾何学的扱いでは, 通常微分演算に関連する種類の代数演算を強調していませんが, そうであっても, 対応関係が成立していることを確かめるのは容易です.

---

*12 訳注: 図 5.4 の場合だと, 反時計回りに回る軸性束が洗濯物干し線で, 右側に向かうにつれて増えていくシートが, 洗濯物干し線に掛けられている洗濯物のシートになります.

5.6 微分演算の意味

まず，勾配を考えてみましょう．それは常に等ポテンシャル面群で表されるスカラー場に作用します．そのようなスカラー場がより一層空間的に一定になるにつれて，その等ポテンシャル面たちの間隔はさらに離れていきます．そのように微妙に変化する場に"メロン・ベイラー"を適用すると，元の場の空間的な変化が弱くなるにつれてゼロに近づく，それ自体が小さい，元の場の空間的な変化の弱さに応じて間隔を空けられたシートたちからなる積層場を生成します．

回転 (発散) に対しては，積層 (束) の場が空間内で一定であれば，その「微小なシート」(「微小な曲線」) は緩い縁 (端点) を持たない巨視的なシート (曲線) に結合することができることは同様に明らかです．いずれの場合も，したがって，回転 (発散) は，その演算子が適用される場が一定に近づくにつれてゼロに近づきます．

同時に，そのような議論は，純粋に幾何学的な描像ですべてを記述しようとすると，その関係の性質についての莫大な洞察力を提供するものの，より正確な計算に適さないかもしれず，私たちが描くことができるものの絶対的な精度 (その精度には限界があるでしょう) に最終的には依存することになります．したがって次の章では，私たちが今慣れ親しんできた幾何学的量に数値計算の力を適用することを最終的に可能にする概念を展開することに移ります．

章末問題

5.1 極性積層場の回転の (軸性) 方向感を求めるための幾何学的構成法を明示しなさい．

5.2 軸性積層場の回転の (極性) 方向感を求めるための幾何学的構成法を明示しなさい．

5.3 軸性方向感の使用を好まない (もちろん，反射の下での不変性の放棄は気にしない) 人のために右手の規則に関して前の 2 つの問題の解答を再度述べなさい．

5.4 与えられた領域内の全電荷量を「この領域から出ていく電束線の本数」と定義し，電荷密度を「電束線が生じる密度」として定義することができます．これらの定義から電場はどんな性質を持っていると示唆されますか？

5.5 静電気学の基本法則の1つとして電場 E が**保存する**，すなわち回転を持たない，というのが存在します．これらの定義からこの電場はどんな性質を持っていると示唆されますか？ そしてそれは前問と同じですか？ 問題1.1-3とも比較しなさい．

第 6 章

座標と成分

6.1 座標系

任意の 2 つのスカラー場，例えば q_1 と q_2 はそれぞれ等ポテンシャル面群に関連付けられているので，これらの面たちの交点，つまり q_1 と q_2 の両方の値が指定されている点の軌跡は曲線群になります．3 番目のスカラー場 q_3 を加えると，これら 3 つ全ての面群たちの交点は点群を形成します．したがって，空間内の任意の点は，その点が存在する q_1 面の q_1 の値，その点が存在する q_2 面の q_2 の値，およびその点が存在する q_3 面の q_3 の値を与えることによって一般に指定できます．言い換えれば，3 つの量の組 $\{q_1, q_2, q_3\}$ は**座標系を構成します**[*1]．

そのような系に対応する 3 つの面群たちは，図 6.1 のように空間をセルの群からなる集合体に分割します[*2]．スケールが十分細かく選ばれているならば，言い換えれば，その隣から各面が離される間隔 Δq が十分小さいならば，

[*1] 訳注：通常，座標系を表すには順序組 $(q_1, q_2, q_3) = (x, y, z)$ などを使用しますが，本書では 3 つの量からなる集合とみなし，$\{q_1, q_2, q_3\} = \{x, y, z\}$ という表記を採用しています．また，当然ですがどちらの場合でも，座標系は平坦である必要はありません．

[*2] 訳注：英語のセル (cell) の語源はギリシャ語で「小さな部屋」を意味する語で，日本語では「細胞」と表されますが，日本語の場合と同様，動植物の細胞の意味と，本来の意味の小さな部屋の両方の意味があり，この場合はもちろん後者の意味になります．

これらのセルはそれらの多くを含む領域全体に渡って互いにほぼ同一の平行六面体に近づきます (5.1 節の議論参照). このような構成法は，空間のあらゆる点で，私たちが考察してきたようなベクトルおよびスカラー量の各種についての自然基底を以下のように生み出します (図 6.2 参照).

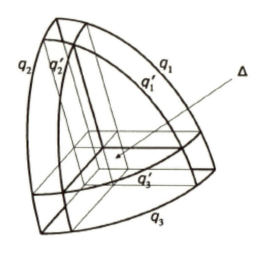

図 6.1 単位セルの形成法

- ある点から出るセルの 3 つの辺は 3 つの線形独立な矢印を定義します.
- セルの 3 つの向かい合う壁面は 3 つの線形独立な積層を定義します.
- ある点から出るセルの 3 つの壁面は 3 つの線形独立な押さえを定義します.
- セルの，各組 4 つの辺たちからなる 3 組の平行な辺たちは，3 つの線形独立な束を定義します.
- 8 つの角はスカラー密度を定義します.
- セルの体積 (= 容量) はスカラー容量を定義します.
- 最後に，ただし，決して最小の価値というわけではないですが，純粋

6.1 座標系

なスカラーは (座標変換によらず) 絶対的な数値を持つので，いかなる「自然基底」も必要としません．

ここで，いくつかの予防処置をとる必要があります．2つの座標面を一致させたり，あるいはお互いに接するようにさせたりすることさえいけません．何故なら，接点の直接の近傍では，単位セルの体積が消えるので，情報が失われるからです．

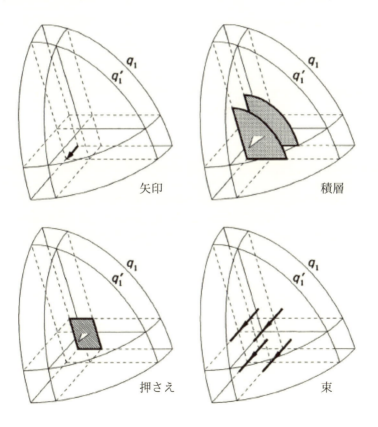

図 6.2 4つのベクトルの生じ方

また，等ポテンシャル面それ自体を横断した結果に起因する不確定性も許容できません．最後に，等ポテンシャル面が鋭い "折り目" を持っていたり，そうでなければ，座標系の不連続性を生じさせるなどの病理を避けなければなりません．多くの重要な物理的応用において病理は存在しますが，それは局在化されていることは理解すべきでしょう．例えば，円柱座標系では，全ての ϕ 一定面が ζ 軸上で交差します．これは決して無視することはできません．そして，あらゆる種類の非解析性がその場所で発生しますが，今はそれについて心配する必要はありません．

ひとたび特定の種類の量に対して基底が確立されると，そのような量の値はその基底の要素の線形結合として定義される係数を与えることによって数値的に指定することができます．これらの係数はその量の**成分**として知られています（スカラー密度またはスカラー容量の場合，基底はただ1つの要素しか持たず，したがってその量はたった1つの "成分" しか持ちません．）．

6.2 スカラー容量とスカラー密度の基底

たった今定義したスカラー容量とスカラー密度の基底の間には，単純な関係が存在します．これはそのセルの（8つの頂点に対応して）中央に1つづつ存在すると仮定される "点の粒子" を想像することによって最も容易に理解され，各セルにこのような粒子が1つだけ存在することを明らかにします．したがって，粒子の密度とセルの体積の積はちょうど1となりますので，2つの基底は互いに逆関係になることになります．単位セルの体積を記号 Δ で表すことにすると，角たちの密度は $1/\Delta$ になります．一般に，Δ はもちろん，3つの座標 $\{q_1, q_2, q_3\}$ の関数になります．しかしこれは，関心があるのが位置の関数として定義されている場の量の場合に限り，曖昧さをもたらしません．すると，使用される基底が空間内の同じ点に対応する基底であるのは当然のことでしょう．

スカラー容量とスカラー密度に対して基底を定義することの目的は，定規や分度器に頼らずに「トポロジー的」枠組みを保持しながら，密度または容量に数値を割り当てることを可能にすることです．その代わりに，スカラー

6.3 矢印と積層の基底

容量 (または密度) の大きさを成分, すなわち, その基底に関する数値的因子を指定することによって指定します. しかし, そのようなアプローチはいくらかの注意を必要とします. 何故なら, 結果として得られる量の振る舞いが 1.6 節で採用した 2 つの選択肢に依存して異なるからです. つまり, 「変換特性」が座標変換の下での振る舞いによって決定されるか, あるいは系自体のゆがみの下でのそれらの振る舞いによって決定されるかのいずれかになります.

後者の可能性をまず考えて, いくつかの分離された部屋を含む装置を想定し, そしてこれらの部屋の数値的な体積を特定することに興味があるものと仮定しましょう. 通常それは定規と分度器を使用しないとできません (厳密にいえば, 分度器は便利なだけでそれ以上のものではありません. というのも, 三角形の角度はその辺たちの長さの知識からも得ることができるからです.). しかし, ある座標系がこの装置に "埋め込まれている" ことが分かっていて, 各々の体積がいくつの単位セルを含むかを与えることによってその体積を特定するなら, たとえそのシステムが歪んでいてもその数は変化しません. 何故ならその座標系は装置と同じ方法で歪むからです. このような解釈によれば, 私たちがその成分と呼ぶ部屋の体積の数値的指定は, スカラー, つまりその値はゆがみとは無関係になります.

それとは対照的に, 座標系が装置に "埋め込まれていない" が, それ自体が装置が同一性を保ったまま変更を受けるなら, ——例えば, 最初はデカルト座標系を使用し, それから球座標系に切り替えるなどの場合——単位セルの体積に対するこれらの部屋の一つの体積の数値的関係は変化します. このような描像では, 部屋の数値的体積はスカラーではありません. しかし, その変化は大変規則的です. 異なるスカラー容量は全て同様に変化し, 「——はスカラー容量である」という言明によって完全に決定されます. この後者の解釈では, 数値的量の性質は, 座標系の変更の下でのそれらの変化の仕方によって本質的に定義され, この後者の解釈は今から常に使用するものとします.

6.3　矢印と積層の基底

6.1 節では，任意の点から出ているセルの 3 つの辺が 3 つの線形独立な矢印を定義するという事実を使って座標系から直接矢印の基底を定義する可能性を示しました．この定義を正確にするために，図 6.3 の左の図のように最初のセルの辺が 2 つの等ポテンシャル面

$$q_2 = (定数\,1), \qquad q_3 = (定数\,2) \tag{6.3.1}$$

の交点に沿って横たわることに注意してください．q_1 に隣接する等ポテンシャルが 1 だけ離されていると仮定すると，このセルの辺の長さは

$$(定数\,3) < q_1 < (定数\,3) + 1 \tag{6.3.2}$$

によって決定されます．この定義ではもちろん，q たちに対して選択されたスケールは十分細かいものと仮定します．視覚化に便利であるにもかかわらず，このような制限は実際には必要ではなく，これは恐らくその制限を自由にする良い時期でしょう．

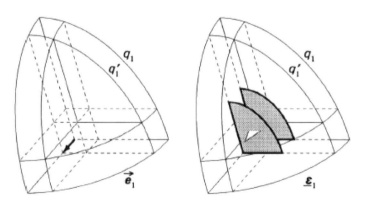

図 6.3　矢印と積層の基底

問題は式 (6.3.2) の数「1」にあります．この区間では全ての座標面は本質的に平坦で等間隔に空けられているままであると仮定する必要があります．

6.3 矢印と積層の基底

しかし，無限小の増分 Δq を代入することによっても同様に無限小のセルの辺を導くことができ，すると，逆関係の因子 $1/\Delta q$ によって結果を拡大することができます．読者はもちろん，これが微分の慣れ親しんだ過程以外の何物でもないことに気が付くでしょう．言い換えれば，(連続的かつ微分可能な方法で行うことを除いて) 座標面が変化する割合についてのいかなることも仮定せずに，直接公式

$$\vec{e_i} \equiv \frac{\partial \vec{r}}{\partial q_i}, \qquad i = 1,\, 2,\, 3 \tag{6.3.3}$$

によって 3 つの矢印基底ベクトル $\vec{e_i}$ を**定義**します．ここで，「動径ベクトル」$\vec{r}$ は，その根元が，ある固定点にあり，矢頭が問題となっている (可変の) 点にある矢印になります[*3]．そして，偏微分は通常通り，1 つの q が変化し，他の 2 つは不変である，つまり，$\vec{r}$ の矢頭が 2 つの等ポテンシャル面の交点に沿って移動することを示しています．さて次に，6.1 節の基本的な図形的定義に戻ると，平行六面体状の単位セルの 3 つの向かい合う面からなる対によって定義される 3 つの積層ベクトルが，すでに慣れ親しんだ演算子，すなわち，**勾配**と呼ばれる演算子で表せることが分かります (図 6.3 の右側の図のように)．具体的には，$\underline{\varepsilon_i}$ とここで呼ぶ 3 つの基底ベクトルは，座標に関する勾配，すなわち

$$\underline{\varepsilon_i} \equiv \operatorname{grad} q_i \tag{6.3.4}$$

以外の何物でもありません．

$\vec{e}$ たちと $\underline{\varepsilon}$ たちに関連する基本的な恒等式が存在します．$\vec{e_1}$ は $\underline{\varepsilon_2}$ シートと $\underline{\varepsilon_3}$ シートの交点に沿って横たわるので，2 つのドット積 $\vec{e_1}\cdot\underline{\varepsilon_2}$ と $\vec{e_1}\cdot\underline{\varepsilon_3}$ の両方が消えます．その一方で，ドット積 $\vec{e_1}\cdot\underline{\varepsilon_1}$ は，矢印 $\vec{e_1}$ がまたぐ $\underline{\varepsilon_1}$ のシートの枚数 (つまり q_1 の) なので，それはもちろんちょうど 1 になりま

[*3] 訳注：$\vec{r} = \sum_{i=1}^{3} q_i \vec{e_i}$ に注意してください．また，平坦な空間では $\vec{r} = x\vec{e_x} + y\vec{e_y} + z\vec{e_z}$ と書けるので，$\vec{e_i} = \frac{\partial x}{\partial q_i}\vec{e_x} + \frac{\partial y}{\partial q_i}\vec{e_y} + \frac{\partial z}{\partial q_i}\vec{e_z}$ となります．また，例えば円柱座標 $\vec{r} = (x,y,z) = (q_1\cos q_2, q_1\sin q_2, q_3)$ の場合について考えてみてください．

す．これらの関係を他の 2 つの基底の要素と一般化すると，**正規直交関係**

$$\vec{e_i} \cdot \underline{\varepsilon_j} = \delta_{ij} \tag{6.3.5}$$

が得られます[*4]．この右側の記号は「クロネッカーのデルタ」と呼ばれ，定義により，その 2 つの添え字が等しいとき 1 になり，それ以外のときは 0 になります．

6.4 成分に関する積層と矢印のドット積

成分の使用例として，矢印と積層のドット積を考えてみましょう．これらの各々が適切な基底においてその成分に関して指定されているものと仮定します：

$$\vec{A} = A_1 \vec{e_1} + A_2 \vec{e_2} + A_3 \vec{e_3}, \tag{6.4.1}$$

$$\underline{B} = B_1 \underline{\varepsilon_1} + B_2 \underline{\varepsilon_2} + B_3 \underline{\varepsilon_3} \tag{6.4.2}$$

両者のドット積は，分配法則によって掛け出された場合，9 つの項を含むように見えます．しかし，実際には，正規直交関係のために 3 つに潰れます：

$$\vec{A} \cdot \underline{B} = A_1 B_1 + A_2 B_2 + A_3 B_3 \tag{6.4.3}$$

式 (6.4.3) は注目に値します．何故なら，ドット積を計算するための基本公式，式 (1.2.2) が，最も任意の曲線座標系でも保持されることが分かるからです (もちろん，この 2 つのベクトルはそれぞれ矢印と積層でなければならず，それぞれが正しい基底に関して混乱することなく表されていなければなりません．)．これはのちに，本書で「大代数化規則」と呼ぶものの最初の例であり，次章ではこれについて述べます．

6.5 座標系はどのように異なるか

数学的な展開を続ける前に，いったん立ち止まって，デカルト座標，円柱座標，球座標などのおなじみの座標系がここでの形式的な記述とどのように

[*4] 訳注：この関係は『正規直交関係』と呼ばれていますが，直交座標系によらず，任意の座標系で成り立つことに注意して下さい．

6.5 座標系はどのように異なるか

適合しているのかについて確認するのは有益でしょう．したがって例えば，デカルト座標系については，定数 q_1, q_2, q_3 の面たちが，お互いに垂直であり，単位距離だけ間隔が空けられた平行な平面たちの群を構成することが分かります．6.1 節の定義から，次に，矢印の基底をお互いに直交する単位長の3つの矢印として記述し，積層の基底を互いに直交する単位大きさの3つの積層として記述します．さらに言えば，これらの基底は位置によって変化しません．単位セルの体積 Δ はもちろん 1 です．

しかし，このような記述は，直ちにトポロジー的には**絶対に非適合**であることも明らかです．何故なら，今述べた性質のうちの全てが，その確認のため，調整された定規または分度器のいずれか，あるいは両方を必要とするからです．逆に，ベクトルを数値的に記述するトポロジー的に適合な方法は，対応する基底に関するそれらの成分を指定することですが，この場合完全に無意味なことが分かります．例えば，デカルト座標系の $\vec{e_1}$ 基底の成分は $(1, 0, 0)$ です．しかし，定義によれば，成分はその基底で展開したときのベクトルの係数なので，**他のどんな座標系でも** $\vec{e_1}$ の成分に対して全く同じ結果が得られます．実際，局所的なトポロジー的概念だけでは，ある系を，完全にその中に滞在している間，別の系と区別することは不可能です．実際，デカルト座標系の部分集合は，最終的に，例えば球座標系の部分集合に変形される可能性があり，トポロジー的記述は，定義上，空間の変形と無関係のものであるため，区別することが不可能でなければなりません[*5]．

もちろん，2つの系にまたがる場合には，片方の基底ベクトルの成分を他方の基底ベクトルの成分について指定することによって，**1 対の座標系の間の関係**を完全に定義することができるという点で，状況は異なります．例えば，デカルト座標系を球座標系に関連付けたい場合，方程式群

[*5] 訳注：例えばデカルト座標 (x, y, z) で表した単位セルは立方体ですが，この単位セルの，球座標 (r, θ, ϕ) での "成分" をデカルト座標で表すと，もはや立方体ではなくなってしまいます．これは非トポロジー的な "座標変換" の公式に本質的に依存することを示唆しています．

$$x = r\sin\theta\cos\phi \qquad (6.5.1)$$
$$y = r\sin\theta\sin\phi \qquad (6.5.2)$$
$$z = r\cos\theta \qquad (6.5.3)$$

から始め，2 つの系の基底たちの間の全ての必要な関係を得るための系統的な手順が存在します．それにもかかわらず，式 (6.5.1-3) はデカルト座標または球座標のいずれを**定義**するものでもなく，ただそれら 2 つの間の関係のみを定義するという点に気付くことが肝心です．私たちが知っているように，集合 $\{r, \theta, \phi\}$ でデカルト座標を表すこともできます．その場合，$\{x, y, z\}$ は非常に非常に奇妙で得体のしれないものですが，それでも完全によく定義されています．

6.6 しかし，直観的には，それはどのように見えるのか？

その重要性を誇張すべきではありませんが，たった今表した注意にもかかわらず，いくつかのおなじみの系についての直感的な知識を活用して，本書で今まで展開してきた概念に関してそれらを記述することは依然として有益です．これはもちろん前節の最初の段落に，デカルト，円柱，球のように明確に視覚的内容で示されているように，私たちの心の目の中に定規や分度器が存在し，それは空間の計量的特性を導入するときにそれ自体定式化される内容であることを意味します．これは第 8 章で述べます．したがって，後で参照するために直感的な計量についてここで脱線して要約しましょう．

特に，「円柱座標」として知られる，3 つの座標が $\{\rho, \phi, \zeta\}$ でラベルされている座標系を考えてみましょう．対応する曲面の群は次のようになります：

- ρ：同軸の等間隔に配置された円筒たち
- ϕ：軸を含み等角度の間隔で配置された平面たち
- ζ：等間隔に配置された軸に垂直な平面たち

6.6 しかし，直観的には，それはどのように見えるのか？

図 6.4 は各組の曲面の対と，それらの交点から形成された典型的な「単位セル」を示しています．定義 (6.3.3-4) を使うと，対応する基底ベクトルを視覚化できます．それらの中で最も簡単なのは $\vec{e_\zeta}$ と $\underline{\varepsilon_\zeta}$ です．ζ 面が平面で均等に間隔が空けられていることより，それらの 2 つは方向と大きさの両方で一定です．対照的に，ρ 面は間隔は一定ですが，方向は一定ではありません．したがって，$\vec{e_\rho}$ と $\underline{\varepsilon_\rho}$ の大きさは一定ですが，方向は一定ではありません．

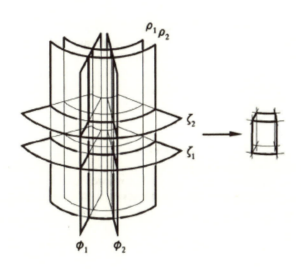

図 6.4 円柱状の単位セル

最後に，2 つの ϕ ベクトルは方向または大きさのいずれにおいても一定ではなく，極座標の軸からの距離に比例して変化する $\vec{e_\phi}$ と，反比例する $\underline{\varepsilon_\phi}$ を持ちます (これらの言明が明らかに思えない読者は，6.3 節を再度読んでください．)．

大きさと方向の両方に関する，位置による基底ベクトルの依存性は，例外的ではなくむしろ規則的です (ただし，この性質より直ちに，より基本的な処理で「単位ベクトル」と呼ばれるものとそれらが区別されることが分かる

ことは注意すべきでしょう）．ただし，この具体的な座標系について何が特別かというと，全ての場合で，矢印ベクトルがそれらが対応する積層ベクトルのシートと直交する方向を向いていることです．あるいは，積層の方向をそのシートに垂直な線で指定する場合，矢印ベクトルはその積層と平行であるということができます．この性質は (円柱座標系が属する) **直交座標系**として知られる非常に特別な種類の座標系を特徴付けるものです．

繰り返すと，この節での観察は直感的で，空間についての私たちの視覚的考察に基づいており，これをこれまで議論してきたトポロジー的概念に関して定式化することはできません．ただし，8章で空間の計量的性質がより体系的に導入されるときには，それらはより重要になるでしょう．

章末問題

6.1 座標系 $\{q_1, q_2, q_3\}$ を q_3 が空間内で元の座標系よりもずっと素早く変化する座標系に変更したとしましょう．それは基底ベクトル $\vec{e_3}$ を元よりも大きくしますか？　それとも小さくしますか？

6.2 前問で述べた変更では，基底ベクトル $\underline{\varepsilon_3}$ は大きくなりますか？　それとも小さくなりますか？

6.3 前の2つの問題に引き続き，Δ は大きくなりますか？　それとも小さくなりますか？

6.4 なお続けると，式 (6.4.3) の A_3 は，増加，減少，または同じであり続けるのうちのいずれになりますか？　B_3 についてはどうでしょうか？　また積 $A_3 B_3$ についてはどうですか？

6.5 共変ベクトル $\underline{M}$ と反変ベクトル $\vec{N}$ の成分が公式

$$M_i = \vec{e_i} \cdot \underline{M},$$
$$N_i = \underline{\varepsilon_i} \cdot \vec{N}$$

によって計算されることを示しなさい．

6.6 しかし，直観的には，それはどのように見えるのか？ **83**

6.6 スカラー密度とスカラー容量の成分を計算するための類似の公式は存在しますか？

6.7 6.6節の円柱座標系では，Δ は $\{\rho, \phi, \zeta\}$ の関数としてどのように変化しますか？

6.8 球座標系 $\{r, \theta, \phi\}$ に対して，円柱座標系に対する本書での直感的な議論を繰り返しなさい．

6.9 6.5節での議論に引き続いて，座標変換

$$\xi = x \cos y$$
$$\eta = x \sin y$$
$$\zeta = z$$

を考えます．$\{x, y, z\}$ がデカルト座標であると想像しましょう．z 平面内で ξ 一定および η 一定の等高線を描きなさい．

第 7 章

大代数化規則

7.1 規則の言明

6.4 節では, 成分に関するドット積を計算するための公式, 式 (6.4.3) が基本的なデカルト的式, 式 (1.2.2) と全く同じ形をしていることを指摘しました. 実際, **1.2** 節に元々列挙されているすべての公式の組たちが単にデカルト添字 $\{x, y, z\}$ を一般添字 $\{1, 2, 3\}$ に置き換えるだけで, もっとも一般的な座標系でその正確な形を保存します. 本書では, 微分演算 grad, div および curl にも適用されるこの顕著な規則を**大代数化規則**と呼ぶことにします. もちろん, 大代数化規則は成分を成分単位でしか計算できず, それゆえ問題の量について各成分が正しい基底に関連付けることができるように十分わかってない限り何も意味のあることは生み出せません. 例えば, ベクトル解析の最も標準的な教科書は, 勾配が, 仮に球座標で表されているとすると,

$$\text{grad } \Phi = \frac{\partial \Phi}{\partial r}\hat{r} + \frac{1}{r}\frac{\partial \Phi}{\partial \theta}\hat{\theta} + \frac{1}{r \sin \theta}\frac{\partial \Phi}{\partial \phi}\hat{\phi} \qquad (7.1.1)$$

で与えられると説明しています. この表式では, 成分は大代数化規則から期待される単純な偏微分よりも複雑な形をしているように見えます. しかし問題は, $\{\hat{r}, \hat{\theta}, \hat{\phi}\}$ が私たちの基底ベクトルではないということです. それらは, このようにして 4 種類の代わりにたった 1 種類の基底を要請すること

によって概念構造が単純化されると信じた善意の人々によって考え出された「単位ベクトル」です．それは可能な座標系の小さな部分集合（「直交」するもの）に対してのみ呼び出すことができ，その値でさえも疑問を呈することができると気づかされたときその魅力の多くを失います．しかし勾配が共変ベクトルであることが分かっていれば（それは今そうあるべきですが），大代数化規則が要求するように，実際

$$\mathrm{grad}\,\Phi = \frac{\partial \Phi}{\partial r}\underline{\varepsilon}_r + \frac{\partial \Phi}{\partial \theta}\underline{\varepsilon}_\theta + \frac{\partial \Phi}{\partial \phi}\underline{\varepsilon}_\phi \tag{7.1.2}$$

と書くことができることが分かります．

7.2 残りの基底

2つの矢印のクロス積の定義を押さえとして思い出し，ある点から出る単位セルの3つの平行四辺形をなす面たちからなる押さえ基底の図形的概念と比較すると，この基底が，矢印基底の要素たちの3つの可能なクロス積，つまり

$$\vec{e}_2 \times \vec{e}_3, \qquad \vec{e}_3 \times \vec{e}_1 \qquad \text{および} \qquad \vec{e}_1 \times \vec{e}_2 \tag{7.2.1}$$

によって与えられるということが分かります．同様に，2つの積層のクロス積の定義を束として思い出し，単位セルの3組の平行な辺たちからなる束の基底の図形的概念と比較すると，束の基底が，積層基底のクロス積，つまり

$$\underline{\varepsilon}_2 \times \underline{\varepsilon}_3, \qquad \underline{\varepsilon}_3 \times \underline{\varepsilon}_1 \qquad \text{および} \qquad \underline{\varepsilon}_1 \times \underline{\varepsilon}_2 \tag{7.2.2}$$

によって与えられるということが分かります．

しかし同じベクトルを導く別の方法が存在します．積層にスカラー容量 Δ を掛ける意味を思い出すと（4.7節），押さえ $\vec{e}_2 \times \vec{e}_3$ は積層 $\underline{\varepsilon}_1$ に Δ を掛けても得ることができることが分かります．このようにして3つの恒等式に到達します．

$$\underline{\varepsilon}_1 \Delta = \vec{e}_2 \times \vec{e}_3, \quad \underline{\varepsilon}_2 \Delta = \vec{e}_3 \times \vec{e}_1 \quad \text{および} \quad \underline{\varepsilon}_3 \Delta = \vec{e}_1 \times \vec{e}_2 \tag{7.2.3}$$

7.2 残りの基底

同様に，矢印とスカラー密度の積を意味するものを思い出すと，別の 3 つの恒等式が求まります．

$$\vec{e}_1/\Delta = \underline{\varepsilon}_2 \times \underline{\varepsilon}_3, \quad \vec{e}_2/\Delta = \underline{\varepsilon}_3 \times \underline{\varepsilon}_1 \quad \text{および} \quad \vec{e}_3/\Delta = \underline{\varepsilon}_1 \times \underline{\varepsilon}_2 \quad (7.2.4)$$

したがって，押さえ基底として $\vec{e}_2 \times \vec{e}_3$ 等または $\underline{\varepsilon}_1 \Delta$ 等，また，束基底として $\underline{\varepsilon}_2 \times \underline{\varepsilon}_3$ 等または $\vec{e}_1/\Delta$ 等のいずれも指定できます．

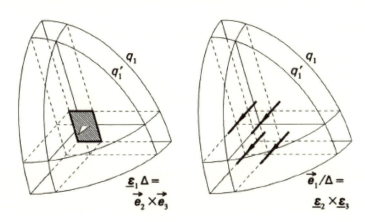

図 7.1　押さえ基底および束の基底

これらの恒等式は矢印基底または積層基底のいずれからも Δ を計算する方法を提供します．式 (7.2.3) の最初のものを考えてその $\vec{e}_1$ とのドット積を考えましょう．正規直交性より，結果は

$$\Delta = \vec{e}_1 \cdot (\vec{e}_2 \times \vec{e}_3) \quad (7.2.5)$$

となります．同様に式 (7.2.4) の最初のものと $\underline{\varepsilon}_1$ とのドット積を取ると

$$1/\Delta = \underline{\varepsilon}_1 \cdot (\underline{\varepsilon}_2 \times \underline{\varepsilon}_3) \quad (7.2.6)$$

が得られます．方程式 (7.2.3-6) は矢印基底に関する積層基底の明示的な表

式も導き，逆も同様です．

$$\underline{\varepsilon}_1 = \frac{\vec{e}_2 \times \vec{e}_3}{\vec{e}_1 \cdot (\vec{e}_2 \times \vec{e}_3)} \qquad 等, \tag{7.2.7}$$

$$\vec{e}_1 = \frac{\underline{\varepsilon}_2 \times \underline{\varepsilon}_3}{\underline{\varepsilon}_1 \cdot (\underline{\varepsilon}_2 \times \underline{\varepsilon}_3)} \qquad 等. \tag{7.2.8}$$

成分に関するドット積の計算の議論は今完成することができます．仮に，それぞれがそれら自体の基底に関して指定されている，矢印，積層，押さえおよび束が与えられているものとしましょう．すなわち，

$$\vec{A} = A_1\vec{e}_1 + A_2\vec{e}_2 + A_3\vec{e}_3, \tag{7.2.9}$$

$$\underline{B} = B_1\underline{\varepsilon}_1 + B_2\underline{\varepsilon}_2 + B_3\underline{\varepsilon}_3, \tag{7.2.10}$$

$$\vec{\underline{C}} = C_1\vec{e}_1/\Delta + C_2\vec{e}_2/\Delta + C_3\vec{e}_3/\Delta, \tag{7.2.11}$$

$$\underset{\circ}{D} = D_1\underline{\varepsilon}_1\Delta + D_2\underline{\varepsilon}_2\Delta + D_3\underline{\varepsilon}_3\Delta \tag{7.2.12}$$

とします．基底ベクトルの間に開発した関係の単純な応用はすると4つの可能なドット積に対しては4つの公式

$$\vec{A} \cdot \underline{B} = (A_1B_1 + A_2B_2 + A_3B_3)(1), \tag{7.2.13}$$

$$\vec{A} \cdot \underset{\circ}{D} = (A_1D_1 + A_2D_2 + A_3D_3)(\Delta), \tag{7.2.14}$$

$$\vec{\underline{C}} \cdot \underline{B} = (C_1B_1 + C_2B_2 + C_3B_3)(1/\Delta), \tag{7.2.15}$$

$$\vec{\underline{C}} \cdot \underset{\circ}{D} = (C_1D_1 + C_2D_2 + C_3D_3)(1) \tag{7.2.16}$$

を生成します．これらの公式の各々が大代数化規則を示しています．2つの因子のドット積が**存在する場合には**，その2つの因子の成分に関して任意のドット積を計算するには，古典的な公式 (1.2.2) を使い，得ようとしている種類の量の正しい基底によって掛け合わせます．具体的には，答えがスカラー容量の場合には Δ を，スカラー密度の場合には $1/\Delta$ を，積が純粋なスカラーの場合には 1(つまりそのまま) を掛けます．

7.3　成分に関するクロス積

式 (7.2.3-4) では，矢印基底ベクトルと積層基底ベクトルの典型的なクロス積を導きました．クロス積の反対称性を念頭に置くと，これらの公式のそ

7.3 成分に関するクロス積

れぞれが 3×3 の表の要素であり，そのうちの最初のものが

$$\begin{array}{lll} \vec{e}_1 \times \vec{e}_1 = 0 & \vec{e}_1 \times \vec{e}_2 = +\underline{\varepsilon}_3 \Delta & \vec{e}_1 \times \vec{e}_3 = -\underline{\varepsilon}_2 \Delta \\ \vec{e}_2 \times \vec{e}_1 = -\underline{\varepsilon}_3 \Delta & \vec{e}_2 \times \vec{e}_2 = 0 & \vec{e}_2 \times \vec{e}_3 = +\underline{\varepsilon}_1 \Delta \\ \vec{e}_3 \times \vec{e}_1 = +\underline{\varepsilon}_2 \Delta & \vec{e}_3 \times \vec{e}_2 = -\underline{\varepsilon}_1 \Delta & \vec{e}_3 \times \vec{e}_3 = 0 \end{array} \quad (7.3.1)$$

であり*1，2番目のものが

$$\begin{array}{lll} \underline{\varepsilon}_1 \times \underline{\varepsilon}_1 = 0 & \underline{\varepsilon}_1 \times \underline{\varepsilon}_2 = +\vec{e}_3/\Delta & \underline{\varepsilon}_1 \times \underline{\varepsilon}_3 = -\vec{e}_2/\Delta \\ \underline{\varepsilon}_2 \times \underline{\varepsilon}_1 = -\vec{e}_3/\Delta & \underline{\varepsilon}_2 \times \underline{\varepsilon}_2 = 0 & \underline{\varepsilon}_2 \times \underline{\varepsilon}_3 = +\vec{e}_1/\Delta \\ \underline{\varepsilon}_3 \times \underline{\varepsilon}_1 = +\vec{e}_2/\Delta & \underline{\varepsilon}_3 \times \underline{\varepsilon}_2 = -\vec{e}_1/\Delta & \underline{\varepsilon}_3 \times \underline{\varepsilon}_3 = 0 \end{array} \quad (7.3.2)$$

であることが分かります．これらの恒等式はいま，成分に関するクロス積の計算に適用できるようになりました．例えば，2つの矢印を

$$\vec{A} = A_1 \vec{e}_1 + A_2 \vec{e}_2 + A_3 \vec{e}_3, \quad (7.3.3)$$
$$\vec{B} = B_1 \vec{e}_1 + B_2 \vec{e}_2 + B_3 \vec{e}_3 \quad (7.3.4)$$

と表しましょう．それらのクロス積は，分配法則より9つの成分を持つと予想されますが，上記の表より少なからず潰れ，大代数化規則に合致した結果

$$\vec{A} \times \vec{B} = (A_2 B_3 - A_3 B_2) \underline{\varepsilon}_1 \Delta \\ + (A_3 B_1 - A_1 B_3) \underline{\varepsilon}_2 \Delta + (A_1 B_2 - A_2 B_1) \underline{\varepsilon}_3 \Delta \quad (7.3.5)$$

を生みます．他の種類のクロス積についても同様の結果が得られます．式 (7.3.5) と (7.2.14) を組み合わせることから得られるもう一つの手順は，行列式に関する3つの矢印の3重スカラー積に対する便利でエレガントな表

[*1] 訳注：式 (7.3.1) はレビ・チビタの完全反対称テンソル ε_{ijk} を使うと，$\vec{e}_i \times \vec{e}_j = \sum_{k=1}^{3} \varepsilon_{ijk} \underline{\varepsilon}_k \Delta$ のように一行で書けます．

式を生成します[*2].

$$\vec{A} \times \vec{B} \cdot \vec{C} = \begin{vmatrix} A_1 & B_1 & C_1 \\ A_2 & B_2 & C_2 \\ A_3 & B_3 & C_3 \end{vmatrix} \Delta \tag{7.3.6}$$

読者は，3つの因子のうち1つが矢印の代わりに束である場合，最後の因子 Δ が欠落することを確かめるべきでしょう．

7.4 基底たちの方向属性の双属性性

座標 $\{q_1, q_2, q_3\}$ が (いつも通り) 通常の極性スカラーであると仮定すると，矢印基底ベクトル $\vec{e}_i$ と積層基底ベクトル $\underline{\varepsilon}_i$ もまた極性になります．押さえの基底と束の基底をそれぞれ $\vec{e}_i$ と $\underline{\varepsilon}_i$ のクロス積として定義したことより，これは後者2つのベクトルを軸性に設定するように見えます．それでは例えば**極性**の束や**軸性**の積層を記述するときにはどうしたらよいでしょうか？ 右手の規則を呼び出さずにこれを行うことは不可能で，そのため反射の下での不変性は放棄せざるを得ないですか？

幸運なことにそうではありません．何故ならクロス積が，2つの掛け合わせるベクトルと，1つの演算結果として得られるベクトルの合計3つのベク

[*2] 訳注：この証明は3次行列式のサラスの公式を知っていれば，次のように簡単に示せます：

$\vec{C} \cdot (\vec{A} \times \vec{B})$
$= (C_1 \vec{e}_1 + C_2 \vec{e}_2 + C_3 \vec{e}_3) \cdot$
 $[(A_2 B_3 - A_3 B_2) \underline{\varepsilon}_1 \Delta + (A_3 B_1 - A_1 B_3) \underline{\varepsilon}_2 \Delta + (A_1 B_2 - A_2 B_1) \underline{\varepsilon}_3 \Delta]$
$= (A_2 B_3 C_1 - A_3 B_2 C_1) \Delta + (A_3 B_1 C_2 - A_1 B_3 C_2) \Delta + (A_1 B_2 C_3 - A_2 B_1 C_3) \Delta$
$= (A_1 B_2 C_3 + B_1 C_2 A_3 + C_1 A_2 B_3 - A_3 B_2 C_1 - B_3 C_2 A_1 - C_3 A_2 B_1) \Delta$
$= \begin{vmatrix} A_1 & B_1 & C_1 \\ A_2 & B_2 & C_2 \\ A_3 & B_3 & C_3 \end{vmatrix} \Delta$

ここで，この式の右辺は今考えている空間で取ることができる任意の座標系の基底で展開したベクトルについて成り立つので，右辺の Δ はベクトルを展開した座標系の単位セルの体積要素になるという点に注意してください．また，当然，左辺はスカラーなので，どの座標系で計算しても一緒の値になります．

トルを扱っているという事実はこれらのクロス積に方向感を割り当てる別の方法を提供するからです．特に，$\vec{e}_2 \times \vec{e}_3$ は (前と同じ)$\vec{e}_2$ と $\vec{e}_3$ によって張られた平行四辺形 (の面積) を大きさとする押さえとして定義することができますが，その方向感は，q_1 が増加する方向に向いた矢頭によって定義される極性です (すなわち，$\vec{e}_1$ と ε_1 の方向です) [*3]．同様の極性感の割り当てを束 $\varepsilon_2 \times \varepsilon_3$ に対して行うことができ，矢印基底と積層基底の軸性感はこの過程を逆にすることによって得ることができます (問題 7.3-4 参照)．このようにして，3 つの座標の存在により，右手の規則を呼び出すことなく，極性および軸性両方の各基底ベクトルに帰着することに成功しました．この特性を基底の **2 重属性性** (hermaphrodite sense gender) と呼ぶことにします．

同じ考察はスカラー密度とスカラー容量に対する基底ベクトルに対しても適用されます．何故なら単位セルの体積である量 Δ がいま，3 重スカラー積 $\vec{e}_1 \cdot \vec{e}_2 \times \vec{e}_3$ の個別のベクトルに割り当てた方向属性に依存して極性ないしは軸性容量として解釈することができるからです．

任意の座標系は，その基底ベクトルたちの 2 重極性・2 重軸性関係 (hermaphrodite polar/axial relationship) と普遍的な右手の規則によって与えられるものとを比較することによって 2 つのカテゴリのうちの 1 つに分類されます．2 つの作り方が一致すれば系は**右手系**であり，そうでなければ**左手系**であるといいます．問題 7.6 に示すように，軸性であるとみなされるとき Δ が右手型か左手型かは系のそれと同じになります．

7.5 勾配の計算

2 つの点，点 1 と点 2 が非常に接近しているとすると，式 (5.2.2) は

$$d\Phi = (\text{grad } \Phi) \cdot \vec{dr} \tag{7.5.1}$$

[*3] 訳注：3.4 節参照．

と等価であり，それは勾配の解析的定義とみなすことができます．これは共変ベクトルであるため，その正しい成分展開は

$$\mathrm{grad}\,\Phi = (\mathrm{grad}\,\Phi)_1 \underline{\varepsilon}_1 + (\mathrm{grad}\,\Phi)_2 \underline{\varepsilon}_2 + (\mathrm{grad}\,\Phi)_3 \underline{\varepsilon}_3 \quad (7.5.2)$$

になります．微分矢印 $\vec{dr}$ については恐らく微分定義式 (6.3.3) から最も容易に分かるように

$$\vec{dr} = dq_1 \vec{e}_1 + dq_2 \vec{e}_2 + dq_3 \vec{e}_3 \quad (7.5.3)$$

と書くことができます．しかし，それはまた矢印基底ベクトルの幾何学的意味を考えることによっても得られます．最後の2つの式をそれらに先立つ式 (7.5.1) に代入すると，

$$d\Phi = (\mathrm{grad}\,\Phi)_1 dq_1 + (\mathrm{grad}\,\Phi)_2 dq_2 + (\mathrm{grad}\,\Phi)_3 dq_3 \quad (7.5.4)$$

が得られます．

方程式 (7.5.4) より，$(\mathrm{grad}\,\Phi)_i$ が，他の q たちが一定を保つときの単位 q_i 当たりに Φ が変化する割合であることが分かります．言い換えれば，それは偏導関数 $\partial \Phi/\partial q_i$ となります．したがって，最終的には勾配は

$$\mathrm{grad}\,\Phi = \frac{\partial \Phi}{\partial q_1} \underline{\varepsilon}_1 + \frac{\partial \Phi}{\partial q_2} \underline{\varepsilon}_2 + \frac{\partial \Phi}{\partial q_3} \underline{\varepsilon}_3 \quad (7.5.5)$$

になるので，その成分は大代数化規則に一致します [式 (1.2.4) および (7.1.2) 参照].

7.6 回転の計算

式 (7.5.5) を得ることよりも幾分複雑な次の任務は共変ベクトル場 $\underline{A}$ の回転をその成分に関して計算することです[*4]．勾配の処理と同様に，ここでは公式 (5.3.4) を出発点としてとりましょう．線積分をとるループが十分小

[*4] 訳注：$\underline{A} = \underline{A}(q) = \underline{A}(q_1, q_2, q_3)$ に注意．

7.6 回転の計算

さいとすると，右辺から積分記号を取り除いて（同時に式の両辺を入れ替えると）

$$(\operatorname{curl} \underline{\boldsymbol{A}}) \cdot d\underline{\boldsymbol{\Sigma}} = \oint \underline{\boldsymbol{A}} \cdot \vec{dr} \tag{7.6.1}$$

と書くことができます．

$d\underline{\boldsymbol{\Sigma}}$ を 3 つの押さえの基底ベクトルのうちの 1 つに選ぶと計算は特に単純になります[*5]．もちろんこれは，上の方程式の中で $d\underline{\boldsymbol{\Sigma}}$ が無限小であると仮定されているからその正当化を必要としています．すなわち，方程式が成り立つようにするためにゼロに近づけることを許すものとします．しかし，実際には q(一定) 面の群のスケールが非常に細かく描かれているため，すべてのセルは完全な平行六面体になっていると仮定することによって，すでに"事前に極限をとって"あります．このスケールで $\underline{\boldsymbol{A}}$ の成分の変化が非常に小さいものと仮定できます．極限をとる過程のより形式的な処置は可能ですが，そのような「極限の事前適用」は実際上全く厳しいです．結局のところ，極限の定義は，問題の量がいくらでも小さくなることは必要としませんが，結果をそれでも変えることがないくらい十分小さいことのみを要求します．

ここで，$d\underline{\boldsymbol{\Sigma}} = \underline{\boldsymbol{\varepsilon}}_1 \Delta$ と仮定すると，(7.6.1) の左辺は単に $(\operatorname{curl} \underline{\boldsymbol{A}})_1$ になります．しかし，図 7.2 に示すように，右辺は依然としてこの押さえの境界となる平行四辺形の 4 辺上の線積分の合計として加えられなければなりません．底辺から始めると，まず最初に $\underline{\boldsymbol{A}} \cdot \vec{e}_2$ の値が必要ですが，これは単に A_2 です．上辺が逆向きに記述されているので，底辺での寄与を完全に打ち消します．より具体的には，A_2 の変化は，正確にその q_3 に関する偏微分になります．何故ならこの変位が単位距離だけ $\vec{e}_3$ に沿っているからです．したがって上辺と底辺の正味の寄与は $-\partial A_2/\partial q_3$ になります（より高い q_3 の線が $\vec{e}_2$ と逆向きに記述されているため，負号が付きます．）．

[*5] 訳注：スケールを cm から mm に変更すると，矢印基底ベクトルや単位セルのスカラー容量 Δ が小さくなるように，スケールは"任意に"小さく選べることに注意しましょう．

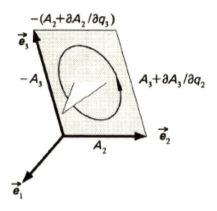

図 7.2　回転の計算

この押さえの残りの 2 つの辺を続けると，負号が付かない点を除けば全く同様の表式を得ます．4 つの辺すべての寄与を一緒にすると，最終的に

$$(\mathrm{curl}\,\underline{A})_1 = \frac{\partial A_3}{\partial q_2} - \frac{\partial A_2}{\partial q_3} \tag{7.6.2}$$

が得られ，他の 2 つの成分に対して同じ計算をすると，結果は

$$\begin{aligned}\mathrm{curl}\,\underline{A} = &\left(\frac{\partial A_3}{\partial q_2} - \frac{\partial A_2}{\partial q_3}\right)(\vec{e}_1/\Delta) \\ &+ \left(\frac{\partial A_1}{\partial q_3} - \frac{\partial A_3}{\partial q_1}\right)(\vec{e}_2/\Delta) \\ &+ \left(\frac{\partial A_2}{\partial q_1} - \frac{\partial A_1}{\partial q_2}\right)(\vec{e}_3/\Delta)\end{aligned} \tag{7.6.3}$$

となります．式 (1.2.6) との比較は，再び，大代数化規則の勝利を示しています．

7.7　そして最後に発散を

ここでの戦略は前節で回転に対して行ったものと似ています．ここでは，積分定義式，式 (5.4.4) から始め，問題の体積を 1 つの単位セルとしてとり

7.7 そして最後に発散を

ます．(再びそうすることが許されているように) このセルが無限小であると仮定すると，直ちに

$$(\text{div } \vec{J})\Delta = \iint \vec{J} \cdot d\vec{\Sigma} \tag{7.7.1}$$

が得られます．右辺の積分はこのセルの 6 つの面にわたって和をとらねばならず，その各々が基底押さえになります．引き続き，q_3 座標の等ポテンシャル面のそれぞれをこのセルの "床" と "天井" に属するようにとりましょう．すると床は単に $\vec{\varepsilon}_3 \Delta$ なので，それの，積分に対する寄与は J_3 それ自体に他なりませんが，ただし符号は反転させなければなりません．というのも，発散の定義により，積分中の面要素 $d\vec{\Sigma}$ はこの体積の**外側**を向いていなければならないのに，この押さえは**内側**を向いているからです．

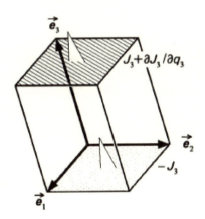

図 7.3　発散の計算

さていま，このセルの「天井」を考えると，$d\vec{\Sigma}$ がこのセルの外側を指しているので，符号の変更なしで，積分への寄与は $+J_3$ になります．ただし，この J_3 が評価される位置は $\vec{e}_3$ だけ他方よりずらされています (図 7.3)．したがって，床と天井の正味の寄与は $\partial J_3/\partial q_3$ になります．他の 2 組の面

たちの同様の寄与を加え，定義式の両辺を Δ で割ると，

$$\mathrm{div}\,\overrightarrow{J} = \left(\frac{\partial J_1}{\partial q_1} + \frac{\partial J_2}{\partial q_2} + \frac{\partial J_3}{\partial q_3} +\right)(1/\Delta) \qquad (7.7.2)$$

が求まります．式 (7.7.2) と (1.2.5) を比較すると，因子 $1/\Delta$ が基本的なデカルト的公式において対応するものが存在しないため，一見大代数化規則が破れているとの印象が心の中に起きるかもしれません．しかし，束の場の発散が，数 1 に他ならない基底を持つスカラーではなく，式 (7.2.15) のように基底 $1/\Delta$ を持つ**スカラー密度**であるという点を心に留めておく必要があります．そしてもちろん，大代数化規則は望まれる量の成分を計算したのち，対応する基底を掛けることを要求します．これが式 (7.7.2) が正確に正しく機能することです．

章末問題

7.1 束基底ベクトルと押さえ基底ベクトルの間にも，式 (6.3.5) と同じ形式の正規直交関係が存在することを示しなさい．

7.2 3 つの積層の 3 重スカラー積について，式 (7.3.6) に類似の行列式の公式を導きなさい．

7.3 押さえ基底ベクトルと積層基底ベクトルの間のクロス積が矢印基底ベクトルを生成することを示しなさい．

7.4 束基底ベクトルと矢印基底ベクトルのクロス積が積層基底ベクトルを生成することを示しなさい．

7.5 もし，量 Δ が極性であると解釈されるなら，それが必ず正であることを示しなさい．

7.6 ε_i の定義，式 (6.3.4) が式 (7.5.5) の特別な場合と見なせる理由を示しなさい．

7.7 右手系では，量 Δ が軸性であると解釈されるなら，それも右手系であり，左手系では逆が成り立つことを示しなさい．

7.8 式 (7.3.5) と同様に，押さえと積層の間のクロス積に大代数化規則を適用する方法を示しなさい．

7.9 3重クロス積 $(\vec{A} \times \vec{B}) \times \underline{C}$ はどのような種類の量に属していますか？大代数化規則に従って成分を用いて，恒等式

$$(\vec{A} \times \vec{B}) \times \underline{C} = \vec{A} \cdot \underline{C}\vec{B} - \vec{B} \cdot \underline{C}\vec{A}$$

を証明しなさい．

7.10 ある領域では右手系で，またある領域では左手系であるような座標系は可能ですか？ 慎重に議論してください．

第 8 章

さようなら，ゴム製の宇宙

8.1　測定の必要性

　今まで本書では，採用する定義と公式が全てトポロジー的不変性を保つように注意しておきました．それと同時に，扱っている支配方程式が全ての可能な座標系で同じ形をしている「ゴム製の宇宙」では，本質的に物理学的現象は何も起こらないことを私たちは非常によく分かっています．あるいは等価的に，そのような宇宙では物理的問題のいかなる解も，空間のゆがみ方にかかわらず，自動的にそのまま解として残ることになります．しかし，例えば楕円形の惑星軌道は，他の形状にゆがんだ場合，可能な軌道を失ってしまいます．明らかに，惑星軌道の指定は単純にトポロジー的ではなく**計量的**です．

　それにも関わらず，それは大変便利であり続けます．何故なら物理法則のいくつかがトポロジー的に不変な方法では記述できないが，他はできる場合，最初の型と第 2 の型を区別することはできますが，恐らく特定の問題を**定義する**ために実際に役立つのは最初のものだからです．ときには，2 つの明らかに異なる物理的状況が，トポロジー的に不変な仕様に関してのみ異なる様に定式化することもできます．この場合，解は単なる座標の変更で他方から得ることができます．

8.2　例：電磁場

電磁場の基本的特性は次のマクスウェル方程式に体現されています：

$$\text{curl } \boldsymbol{E} = -\frac{\partial \boldsymbol{B}}{\partial t}, \tag{8.2.1}$$

$$\text{curl } \boldsymbol{H} = \frac{\partial \boldsymbol{D}}{\partial t} + \boldsymbol{J}, \tag{8.2.2}$$

$$\text{div } \boldsymbol{D} = \rho, \tag{8.2.3}$$

$$\text{div } \boldsymbol{B} = 0. \tag{8.2.4}$$

これらはさらに 2 つの「構成的関係」によって補完され，それらは真空中では単純な形

$$\boldsymbol{D} = \varepsilon_0 \boldsymbol{E}, \tag{8.2.5}$$

$$\boldsymbol{B} = \mu_0 \boldsymbol{H} \tag{8.2.6}$$

をとります．本書では始める前に混乱を避けるためすべてのベクトル量に対して一般的な太字の書体の文字を使用してきました．

いまから，どのような種類の量が方程式の不変性を最大限にするのかについて質問しましょう．関係が不変であるなら，回転は共変ベクトル場だけで取られることができることより，(8.2.1) と (8.2.2) は，$\boldsymbol{E}$ と $\boldsymbol{H}$ が積層場 $\boldsymbol{E}$ および $\boldsymbol{H}$ として識別されることを示唆しています．さらに，回転それ自体が反変ベクトル密度であるので，$\boldsymbol{D}, \boldsymbol{B}$ および $\boldsymbol{J}$ を束の場 $\vec{\boldsymbol{D}}, \vec{\boldsymbol{B}}$ および $\vec{\boldsymbol{J}}$ とみなすのが便利でしょう (2.1 節同様，$\partial/\partial t$ はスカラー倍と等価であると考えられることに注意してください)．これらの型を採用すると，式 (8.2.4) は自動的にトポロジー的に不変になります．同様のことが (8.2.3) でも ρ をスカラー密度としてとることで成り立ちます．すると 4 本のマクスウェル方程式は，任意の座標変換の下でも有効性を維持します．言い換えれば，(8.2.1-4) の解は，いかなる空間のゆがみののちもそのまま解であり続けることになります．

しかし，構成的関係 (8.2.5) と (8.2.6) に関しては，状況は完全に異なっています．特に，ε_0 と μ_0 を通常のスカラーであると考えると，これら 2 つ

の表式はそれぞれ左辺の束の場を右辺の積層場で等号を結んだものとなり，これは明らかにトポロジー的に違反している，つまり**計量的**な関係になります．もちろんこれは驚きではありません．例えば，デカルト座標系では，無電荷領域の電場の可能な解は，ある方向に (例えば x) に一定の成分を持ち，他の 2 つの方向 (例えば y と z) に 0 を有する (共変) ベクトル場 $\underline{E}$ になります．同じことを円柱座標で試してみると，共変ベクトル場を仮に $\underline{E}$ とし，動径方向に一定の成分を持ち，それ以外の 2 つの成分を 0 とすると，うまくいかないことが分かります[*1]．しかしながら，これらの考察から描ける明確な結論もありません．デカルト座標から円柱座標への移行は式 (8.2.1-4) の有効性を保ちますが，(8.2.5-6) を破りますので，新しい場は電磁場の可能な解ではありますが，真空中のそれではありません．

8.3 根底をなすデカルト座標系

1.1 節で述べたように，私たちの 3 次元空間の直感は，単に計量的なだけでなく平坦でもあります．それは以前，任意の三角形の内角の和が常に 180° であると主張することによって特徴付けられた特性です．今回の目的のためにはより適切には，そのような空間は矢印基底と積層基底のベクトルがそれぞれ等しいような**デカルト座標系** $\{x, y, z\}$ が根底にあることを課しているということができます：

$$\vec{e}_x = \underline{\varepsilon}_x, \qquad \vec{e}_y = \underline{\varepsilon}_y, \qquad \vec{e}_z = \underline{\varepsilon}_z. \tag{8.3.1}$$

異なる型のベクトルの間の等価性の意味を明らかにするために，以前，より直感的なレベルで紹介した 2 種類の計量的概念を今形式的に導入しましょう：

- 方向に関しては，問題の直線が問題の平面と垂直である場合，方向の性質が異なるベクトル (面状に対して線状) が同じ方向を向いている

[*1] 訳注：円柱座標 (ρ, ϕ, ζ) では，電荷が ζ 軸上に一様に並んでいる解が境界条件としてとれ，この場合の円柱座標での解は ϕ 方向と ζ 方向に一様ですが ρ 方向に一様ではない解になります．

とみなされます．
- 大きさに関しては，ベクトルは定規の**標準単位**で表されたその特性の大きさ (矢印の長さ，積層のシートの密度，押さえの面積，束の線の密度) によって比較されます．

したがって例えば，標準的な定規がセンチメートルで調整されている場合，式 (8.3.1) は矢印 $\vec{e}_x$ が積層 $\underline{\varepsilon}_x$ と垂直であり，$\vec{e}_x$ のセンチメートルで測った長さが $\underline{\varepsilon}_x$ の 1 センチメートル当たりのシートの枚数に等しいことを主張しています．

この座標系では，他のものと同様，

$$\vec{e}_x \cdot \underline{\varepsilon}_x = 1 \tag{8.3.2}$$

が成り立つ必要がありますので，根底にあるデカルト座標系では，$\vec{e}_x$ の大きさは $\underline{\varepsilon}_x$ の大きさと同じ 1 でなければなりません．したがって，矢印基底の 3 つのベクトルおよび積層のそれらそれぞれが 1 に等しい大きさを持たなければなりません．さらに，矢印基底の 3 重スカラー積は常に Δ であり，積層基底のそれは $1/\Delta$ であるので，デカルト座標の場合，$\Delta^2 = 1$ となります[*2]．これより Δ は ↻1 または ↺1 のいずれか (軸性とみなされている場合) か，そうでなければ +1(極性とみなされている場合．問題 7.5 参照) と結論付けられます．

平坦空間の定義は，根底にあるデカルト座標を含むものであり，それはこの系が唯一であることを意味しません．例えば，$\{x, y, z\}$ がデカルト座標であるとき，一定角度 a を持つ

$$\begin{aligned} x' &= x\cos a + y\sin a, \\ y' &= -x\sin a + y\cos a, \\ z' &= z \end{aligned} \tag{8.3.3}$$

[*2] 訳注：$\vec{e}_x = \underline{\varepsilon}_x, \vec{e}_y = \underline{\varepsilon}_y, \vec{e}_z = \underline{\varepsilon}_z$ より，

$$\Delta = \underline{\varepsilon}_z \Delta \cdot \vec{e}_z = (\vec{e}_x \times \vec{e}_y) \cdot \vec{e}_z = \left(\underline{\varepsilon}_x \times \underline{\varepsilon}_y\right) \cdot \underline{\varepsilon}_z = \frac{\vec{e}_z}{\Delta} \cdot \underline{\varepsilon}_z = \frac{1}{\Delta}.$$

8.4　違法な演算の合法化；ラプラシアン

によって定義された新しい座標系もデカルト座標です．

この言明を証明するために，x', y' および z' のそれぞれが $\{x,y,z\}$ の関数であると考え，式 (7.5.5) に従ってそれらの勾配を計算します．結果は (定義 (6.3.4) を用いて) プライムなしの積層基底ベクトルに関するプライム付きの積層基底ベクトルの成分が，

$$\underline{\varepsilon}_{x'} = (\cos a, \sin a, 0), \qquad (8.3.4)$$

$$\underline{\varepsilon}_{y'} = (-\sin a, \cos a, 0), \qquad (8.3.5)$$

$$\underline{\varepsilon}_{z'} = (0, 0, 1) \qquad (8.3.6)$$

になるというものです[*3]．いま，式 (6.3.3) によってプライム付き矢印基底ベクトルを計算すると，それらの成分がプライム付き積層基底のそれらと同じであることが分かります．そして，プライムなしの系において，2つの基底が同一であるため，同じことがプライム付きの基底でも成り立ちます．明らかに，議論は根底をなすデカルト座標系を含む空間が実際無限のそれらを含むことを示すために拡張することができます．

8.4　違法な演算の合法化；ラプラシアン

根底をなすデカルト座標系ではすべての型のベクトルの基底ベクトルが関連しているので，以前「違法」だった演算がもはやそうではありません．例えば，共変ベクトルの発散を求めることが要求された場合，トポロジー的には，発散が反変ベクトル密度のみにしかとることができないことが分かっていることより，根底をなすデカルト座標系では共変ベクトルと反変ベクトル密度が同じ成分を持つならそれらは等しいということにのみ注意する必要が

[*3] 訳注：例えば

$$\begin{aligned}\underline{\varepsilon}_{x'} = \mathrm{grad}\ x' &= \frac{\partial x'}{\partial x}\underline{\varepsilon}_x + \frac{\partial x'}{\partial y}\underline{\varepsilon}_y + \frac{\partial x'}{\partial z}\underline{\varepsilon}_z \\ &= \frac{\partial x'}{\partial x}\vec{e}_x + \frac{\partial x'}{\partial y}\vec{e}_y + \frac{\partial x'}{\partial z}\vec{e}_z\end{aligned}$$

に注意してください．

あります．そのような場合，共変ベクトル

$$\underline{A} = A_x \underline{\varepsilon}_x + A_y \underline{\varepsilon}_y + A_z \underline{\varepsilon}_z \tag{8.4.1}$$

が与えられると，その発散は単に

$$\text{div } \underline{A} = \frac{\partial A_x}{\partial x} + \frac{\partial A_y}{\partial y} + \frac{\partial A_z}{\partial z} \tag{8.4.2}$$

とみなされます．はるかに興味深い状況が，デカルト座標系ではないがデカルト座標系との関係が知られているような座標系で，共変ベクトルの発散が必要な場合に発生します．例えば

$$q_1 = x + y + z, \qquad q_2 = y + z, \qquad q_3 = 2z \tag{8.4.3}$$

によって定義された座標系 $\{q_1, q_2, q_3\}$，または等価的に逆の組

$$x = q_1 - q_2, \qquad y = q_2 - \tfrac{1}{2}q_3, \qquad z = \tfrac{1}{2}q_3 \tag{8.4.4}$$

を考えてみましょう．すると，定義 (6.3.4) を用いると共変基底に対する次の (デカルト座標) 成分が得られます：

$$\underline{\varepsilon}_1 = (1, 1, 1) \qquad \underline{\varepsilon}_2 = (0, 1, 1) \qquad \underline{\varepsilon}_3 = (0, 0, 2) \tag{8.4.5}$$

あるいは，式 (6.3.3) を (8.4.4) に直接適用することによって反変基底の (再びデカルト座標) 成分を得ることができます：

$$\vec{e}_1 = (1, 0, 0) \qquad \vec{e}_2 = (-1, 1, 0) \qquad \vec{e}_3 = (0, -\tfrac{1}{2}, \tfrac{1}{2}) \tag{8.4.6}$$

単位セルの体積 Δ に対しては，デカルト座標系でこの体積が 1 であることが分かっているので，式 (7.3.6) を呼び出します[*4]：

$$\Delta = \begin{vmatrix} e_{1x} & e_{1y} & e_{1z} \\ e_{2x} & e_{2y} & e_{2z} \\ e_{3x} & e_{3y} & e_{3z} \end{vmatrix}; \tag{8.4.7}$$

[*4] 訳注：この式の右辺はデカルト座標で展開しているので $\Delta = +1$ となるのに対し，左辺の体積要素は，

$$(\vec{e}_1 \times \vec{e}_2) \cdot \vec{e}_3 = \underline{\varepsilon}_3 \Delta \cdot \vec{e}_3 = \Delta$$

より，q 系の値になります．

8.4 違法な演算の合法化；ラプラシアン

したがって
$$\Delta = \tfrac{1}{2} \tag{8.4.8}$$
になります．

反変ベクトル密度基底のデカルト座標成分を求めることは次のように今や簡単になりました：

$$\vec{e}_1/\Delta = (2,0,0), \quad \vec{e}_2/\Delta = (-2,2,0), \quad \vec{e}_3/\Delta = (0,-1,1). \tag{8.4.9}$$

デカルト座標の場合と違って，この束基底は積層基底と同じではありません．それにもかかわらず，それら両方を知ることは，次のように一方を他方に関して表すことを可能にします：

$$\underline{\varepsilon}_1 = \tfrac{3}{2}\left(\vec{e}_1/\Delta\right) + \left(\vec{e}_2/\Delta\right) + \left(\vec{e}_3/\Delta\right) \tag{8.4.10}$$
$$\underline{\varepsilon}_2 = \left(\vec{e}_1/\Delta\right) + \left(\vec{e}_2/\Delta\right) + \left(\vec{e}_3/\Delta\right) \tag{8.4.11}$$
$$\underline{\varepsilon}_3 = \left(\vec{e}_1/\Delta\right) + \left(\vec{e}_2/\Delta\right) + 2\left(\vec{e}_3/\Delta\right) \tag{8.4.12}$$

いま，任意の与えられた共変ベクトル

$$\underline{A} = A_1\underline{\varepsilon}_1 + A_2\underline{\varepsilon}_2 + A_3\underline{\varepsilon}_3 \tag{8.4.13}$$

を式 (8.4.10-12) に代入して，項を集めると，この積層を等価な束で書くことに成功していることが分かります．そうするとすぐに，その発散を計算する際のいかなる問題も存在しないことが分かります．

この手順の具体的な応用は，スカラー関数の**ラプラシアン**の計算にあり，それはその勾配の発散 (明らかに計量的演算です[*5]) として定義されます．式 (8.4.3) によって定義される座標のスカラー関数 $\Phi(q_1, q_2, q_3)$ が与えられると，次の一連の手順に従ってそのラプラシアンが得られます：

(a) Φ の 3 つの偏微分をとります．これらは共変ベクトル grad Φ の成分です．

[*5] 訳注：発散は束に対してしかトポロジー的不変性を保つように定義できないのに，勾配は積層なので，この計算は (デカルト座標を含む) 平坦な空間にしか適用できません．

(b) 式 (8.4.10-12) を用いて反変ベクトル密度に変換します．

(c) 式 (7.7.2) によって得られた積層場の発散を計算します．

読者は，この例において，ラプラシアンが

$$\text{div grad } \Phi = 3\frac{\partial^2 \Phi}{\partial q_1^2} + 2\frac{\partial^2 \Phi}{\partial q_2^2} + 4\frac{\partial^2 \Phi}{\partial q_3^2}$$
$$+ 4\frac{\partial^2 \Phi}{\partial q_2 \partial q_3} + 4\frac{\partial^2 \Phi}{\partial q_3 \partial q_1} + 4\frac{\partial^2 \Phi}{\partial q_1 \partial q_2} \tag{8.4.14}$$

によって与えられることを確かめたいかもしれません．

8.5　ナブラ演算子

ここでは，演算子 ∇ を議論するために，しばらく脱線します．演算子 ∇ は任意の座標系の"成分"が単にその3つの座標に関する偏微分であるような記号的なベクトルです．考え方としては，この"ベクトル"を用いて3つの演算，grad Φ, curl $\boldsymbol{A}$ および div $\overrightarrow{\boldsymbol{S}}$ がそれぞれ，$\nabla \Phi, \nabla \times \boldsymbol{A}$ および $\nabla \cdot \overrightarrow{\boldsymbol{S}}$ として書くことができるというものです．基本的なデカルト座標系では ∇ の(ベクトルとしての)属性を考える必要がないので，これはかなり簡単な表記法です．しかし，一般的な座標系であっても，次の2つの条件を満たせば正解が得られます：

(a) ∇ を共変ベクトルと考えます[*6]．つまり ∇ は，$\underset{\sim}{\nabla}$ と書かれます．

(b) 実際に存在する表式の結果を計算するためにのみ適用します．

注意の必要性の例として，積層に対する有効なクロス積は，別の積層だけでなく，押さえもあることを思い出してください．また，積層 (共変ベクトル) は有効なドット積として，束だけでなく，矢印も持つことに注意してください．しかし，対応する ∇ を用いた微分演算では，例えば $\underset{\sim}{\nabla} \cdot \vec{R}$ は許されません．すなわち，偏微分の一般的な和などの組み合わせでは，いかな

[*6] 訳注：これは単にナブラが微分演算子であることより，例えば x が分母につく $\frac{\partial}{\partial x}$ が x 軸が圧縮された総量だけ大きくなるので共変であることを意味します．

る意味のある幾何学的表現で識別できるような量ももたらしません．何故なら，それらの性質は計量的であってトポロジー的ではないからです．

8.6　直交系

8.4 節で使用した例では q たちとデカルト座標の間の線形関係が，位置によって変化しない基底ベクトルをもたらすという点で特に単純でした．より複雑な場合の例として，

$$\rho = (x^2 + y^2)^{\frac{1}{2}}, \qquad \phi = \arctan(y/x), \qquad \zeta = z \tag{8.6.1}$$

によって定義された「円柱座標」$\{\rho, \phi, \zeta\}$ または等価的に逆変換

$$x = \rho\cos\phi, \qquad y = \rho\sin\phi, \qquad z = \zeta \tag{8.6.2}$$

を考えてみましょう．読者は，2 つの組の 3 番目の要素が互いに等しいからといって同じ文字を使用しないことに注意する必要があります．理由は偏微分への適用と関係があります．偏微分では，その量がその微分で変化するだけでなく，他の量が一定を保つことも分かっていない限り，無意味だからです．そして一般的な慣例では，変化する座標系と同じ座標系に属するこれらの量は一定を保ちます．したがって，例えば $\partial/\partial x$ は y と z を一定に保ったままの x に関する微分を示します．しかし，z と ζ に同じ文字を使用すると，$\partial/\partial z$ が x と y，または ρ と ϕ の不変性を必要とするかどうかを知る方法がありません．

式 (8.6.1) または (8.6.2) より，(8.4 節のように) **デカルト座標**成分の組で表されたこの系の様々な基底ベクトルを計算することができますが，それらは位置に関する新しい関数です．それらは，$\{x, y, z\}$ または $\{\rho, \phi, \zeta\}$ のうちいずれかの望んだ方に関して指定することができます．後者の選択では，

108　　　　　　　　　　　　　　　　　　第 8 章　さようなら，ゴム製の宇宙

$\Delta = \rho$ の下で*7，積層と束の基底は

$$\underline{\varepsilon}_\rho = (\cos\phi, \sin\phi, 0), \tag{8.6.3}$$

$$\underline{\varepsilon}_\phi = (-\sin\phi/\rho, \cos\phi/\rho, 0), \tag{8.6.4}$$

$$\underline{\varepsilon}_\zeta = (0, 0, 1) \tag{8.6.5}$$

および

$$\vec{e}_\rho/\Delta = (\cos\phi/\rho, \sin\phi/\rho, 0), \tag{8.6.6}$$

$$\vec{e}_\phi/\Delta = (-\sin\phi, \cos\phi, 0), \tag{8.6.7}$$

$$\vec{e}_\zeta/\Delta = (0, 0, 1/\rho) \tag{8.6.8}$$

となります．

これらの表から，例えば，束基底に関する積層基底

$$\underline{\varepsilon}_\rho = \rho\left(\vec{e}_\rho/\Delta\right), \quad \underline{\varepsilon}_\phi = (1/\rho)\left(\vec{e}_\phi/\Delta\right), \quad \underline{\varepsilon}_\zeta = \rho\left(\vec{e}_\zeta/\Delta\right) \tag{8.6.9}$$

を表すことができ，8.4 節の方法によって，円柱座標におけるスカラーのラプラシアンに対する公式を書くことができます．読者はそれが

$$\mathrm{div}\ \mathrm{grad}\ \Phi \equiv \boldsymbol{\nabla}\cdot\boldsymbol{\nabla}\Phi \equiv \boldsymbol{\nabla}^2\Phi = \frac{1}{\rho}\frac{\partial}{\partial\rho}\rho\frac{\partial\Phi}{\partial\rho} + \frac{1}{\rho^2}\frac{\partial^2\Phi}{\partial\phi^2} + \frac{\partial^2\Phi}{\partial\zeta^2} \tag{8.6.10}$$

の形をとることを確認すべきでしょう．

　そのような方法が，座標系が，根底をなすデカルト座標のそれに関して指定されているときはいつでもうまく機能することが明らかであっても，たった今与えた例は，3 つすべての代わりに，たった 1 つの反変ベクトル密度基底に関して各共変基底ベクトルを書くことができたという点で，やや特殊な特徴を持っていました．この点で，円柱座標系は，6.6 節ですでに述べた座標系の特殊な部分集合を表しています．それらは，矢印基底の 3 つのベクトルが常に互いに直交しているので，「直交」と呼ばれます．この意味では，直交系はデカルト座標系と同じです．ただし，デカルト座標系とは異なり，

---

*7 訳注：(8.4.7) 式を用いてください．

8.6 直交系

それらの基底ベクトルは単位長を持つ必要も，一定方向を向く必要もありません．

直交系の場合，$\vec{e}_i$ は $\underline{\varepsilon}_i$ の倍数であり，他のどこでも適用される基本的な正規直交性の式 (6.3.5) を知ることによって，そのような系の場合，$\vec{e}_i$ が 1 より大きい割合だけ，同じ割合で $\underline{\varepsilon}_i$ の大きさは 1 より小さくなることが分かります．この因子は h_i と書かれ，**スケール因子**と呼ばれます．また，$\vec{e}_i$（または $\underline{\varepsilon}_i$）と同じ方向を指し，単位長を持つ 3 つの**単位ベクトル** $\hat{e}_i$ の組を定義します．すると，すべての $i = 1, 2, 3$ に対して

$$\vec{e}_i = h_i \hat{e}_i, \tag{8.6.11}$$

$$\underline{\varepsilon}_i = (1/h_i) \hat{e}_i, \tag{8.6.12}$$

$$\vec{e}_i = h_i^2 \underline{\varepsilon}_i \tag{8.6.13}$$

が成り立ちます[*8]．明らかに，座標系が直交である場合，3 つの h_i（もちろん，それらの各々が 3 つの座標に関する一般的な関数です）についての知識は，本書の 8.4 節で行った型の計算に対しては十分です．例えば，読者は，スカラーの勾配が単位ベクトルを用いて

$$\boldsymbol{\nabla} \Phi = \frac{1}{h_1} \frac{\partial \Phi}{\partial q_1} \hat{e}_1 + \frac{1}{h_2} \frac{\partial \Phi}{\partial q_2} \hat{e}_2 + \frac{1}{h_3} \frac{\partial \Phi}{\partial q_3} \hat{e}_3 \tag{8.6.14}$$

として計算できることを容易に確かめることができるでしょう．ラプラシアンの公式はやや複雑ですが，計算するのは容易です．

このすべてが問題として価値があるかどうかは，ある程度，趣味の問題です (6.6 節参照)．3 つの「スケール因子」とたった 1 組の単位ベクトルを使うのは，ある意味 4 つの異なる基底の組を扱うのよりはるかに単純に思えることは事実でしょう．その一方で，直交するようになっている座標系に限定

[*8] 訳注：$\vec{e}_i = h_i \hat{e}_i$, $\underline{\varepsilon}_i = l_i \hat{\underline{\varepsilon}}_i = l_i \hat{e}_i$, $\vec{e}_i \cdot \underline{\varepsilon}_j = \delta_{ij}$ とすると，

$$\delta_{ij} = \vec{e}_i \cdot \underline{\varepsilon}_j = (h_i \hat{e}_i)\left(l_j \hat{\underline{e}}_j\right) = h_i l_j \delta_{ij}$$

より，$l_i = \frac{1}{h_i}$ が成り立ちますので，$\underline{\varepsilon}_i = \frac{1}{h_i} \hat{\underline{\varepsilon}}_i = \frac{1}{h_i} \hat{e}_i = \frac{1}{h_i^2} \vec{e}_i$ が得られます．

することは，特に，座標変換の下での成分方程式の不変性を放棄することを強要するという高い代償を払うことになります．逆に幾何学を基本とする手順は，表面的にはより複雑であるにもかかわらず，実際には，論じている量の幾何学的性質と相互作用の直感的把握を維持する上で，著しい助けとなると主張することができます．

8.7 計量

一般的な座標系 (直交系でもそうでなくてもよい) では，スケール因子の概念は，もちろん無意味です．しかし，ベクトルの型の間の変換を，与えられた座標系がどのようにデカルト座標系と関係するのかという明示的な指定なしで，定式化することは可能です．それには，3つの矢印基底ベクトルの間に存在する9つのドット積，すなわち，量

$$g_{ij} \equiv \vec{e}_i \cdot \vec{e}_j \tag{8.7.1}$$

の値を列挙すれば十分です．実際には，ドット積の定義により，$g_{ij} = g_{ji}$ であるため，それらのうち6つだけが独立になります．量 (8.7.1) は座標系の**計量**と総称され，個別には**計量の成分**と呼ばれます (この使用法では「計量 (metric)」は名詞であって，英語で同じスペルの形容詞の「計量的 (metric)」ではありません)．一般に，g_{ij} のすべての成分はもちろん，位置の関数になりますが，デカルト座標系では非常に単純に $g_{ij} = \delta_{ij}$ によって与えられます．

計量は次のように2つの隣接点の間の距離を座標の増分として求めるために用いることができます．変位の増分 $\vec{dr}$ に対する表式，式 (7.5.3) から始めて，それ自体のドット積を構成します．すると，問題の2点間の距離の2乗は

$$\begin{aligned}ds^2 =& \vec{dr} \cdot \vec{dr} \\ =& dq_1 dq_1 \vec{e}_1 \cdot \vec{e}_1 + dq_2 dq_2 \vec{e}_2 \cdot \vec{e}_2 + dq_3 dq_3 \vec{e}_3 \cdot \vec{e}_3 \\ &+ dq_2 dq_3 \vec{e}_2 \cdot \vec{e}_3 + dq_3 dq_1 \vec{e}_3 \cdot \vec{e}_1 + dq_1 dq_2 \vec{e}_1 \cdot \vec{e}_2\end{aligned} \tag{8.7.2}$$

8.7 計量

となり，式 (8.7.1) を代入すると

$$ds^2 = \sum_{ij} g_{ij} dq_i dq_j \tag{8.7.3}$$

をもたらします．各 $\vec{e}_i$ を 3 つの $\boldsymbol{\varepsilon}_k$ たちの線形結合として展開し，その表式と $\vec{e}_j$ のドット積をとると，この線形結合の係数が正確に量 g_{ij} になるので，

$$\vec{e}_1 = g_{11}\boldsymbol{\varepsilon}_1 + g_{12}\boldsymbol{\varepsilon}_2 + g_{13}\boldsymbol{\varepsilon}_3 \tag{8.7.4}$$

となります (さらに 2 つの類似の式があります)．これは，密度または容量 (それらは Δ についての知識を必要とします) が関与しない限り，あるベクトルの型を別の型に変換するために必要となる知識を直接提供します．しかし，行列式についての 2 つの定理，

(a) 行列式の値は，行と列を交換しても変わらない．
(b) 2 つの正方行列の積の行列式は元の行列の行列式の積になる．

を思い出すと，この最後の情報でさえも計量から抽出出来ます．これらの定理を適用するために，式 (8.4.7) を 2 回，そのままを 1 回と，行と列を入れ替えて 1 回書き，それらを掛け合わせます．すると (b) によれば

$$\begin{aligned}\Delta^2 &= \begin{vmatrix} e_{1x}e_{1x} + e_{1y}e_{1y} + e_{1z}e_{1z} & e_{2x}e_{1x} + e_{2y}e_{1y} + e_{2z}e_{1z} & \cdots \\ e_{1x}e_{2x} + e_{1y}e_{2y} + e_{1z}e_{2z} & e_{2x}e_{2x} + e_{2y}e_{2y} + e_{2z}e_{2z} & \cdots \\ e_{1x}e_{3x} + e_{1y}e_{3y} + e_{1z}e_{3z} & e_{2x}e_{3x} + e_{2y}e_{3y} + e_{2z}e_{3z} & \cdots \end{vmatrix} \\ &= \begin{vmatrix} \vec{e}_1 \cdot \vec{e}_1 & \vec{e}_2 \cdot \vec{e}_1 & \vec{e}_3 \cdot \vec{e}_1 \\ \vec{e}_1 \cdot \vec{e}_2 & \vec{e}_2 \cdot \vec{e}_2 & \vec{e}_3 \cdot \vec{e}_2 \\ \vec{e}_1 \cdot \vec{e}_3 & \vec{e}_2 \cdot \vec{e}_3 & \vec{e}_3 \cdot \vec{e}_3 \end{vmatrix} \end{aligned} \tag{8.7.5}$$

が求まります．したがって，**計量の行列式は体積要素の 2 乗**になります．Δ が極性であると見なされる場合，それは正である必要があります (問題 7.5)．当然，その 2 乗が分かることは，その値が分かることと等価です．その一方で，右手系か左手系かの問題およびそれゆえ座標系のそれは計量だけでは解決できません．

章末問題

8.1 流体力学では，流体の連続の方程式は，ρ を密度，$\boldsymbol{v}$ を流体の速度とするとき，
$$\text{div}\,(\rho\boldsymbol{v}) + \frac{\partial \rho}{\partial t} = 0$$
となります．この方程式をトポロジー的に不変であるようにするために，これらの量にどの型の量として変換するか，その種類を割り当てることはできますか？

8.2 問題 8.1 の流体の運動方程式は，p を圧力とするとき，小さな速度では，
$$\rho \frac{\partial \boldsymbol{v}}{\partial t} = -\text{grad}\,p$$
となります．この方程式がトポロジー的に不変であるように先ほどの割り当てを拡張することは可能ですか？

8.3 「球座標」$\{r, \theta, \phi\}$ は
$$r = \left(x^2 + y^2 + z^2\right)^{\frac{1}{2}},\ \theta = \arccos\left[\frac{z}{(x^2 + y^2 + z^2)^{\frac{1}{2}}}\right],\ \phi = \arctan\left(\frac{y}{x}\right)$$
または等価的に逆変換
$$x = r\sin\theta\cos\phi,\quad y = r\sin\theta\sin\phi,\quad z = r\cos\theta$$
によって定義されます．4 組の基底ベクトルのデカルト座標成分と，球座標に関する量 Δ を求めなさい．

8.4 スカラー関数 $\Phi(r, \theta, \phi)$ の球座標でのラプラシアンを計算しなさい．

8.5 球座標系が直交していることを示し，3 つのスケール因子を求めなさい．

8.6 円柱座標で反変ベクトル $\vec{A}$ の 3 つの成分が与えられている，つまり
$$\vec{A} = A_\rho \vec{e}_\rho + A_\phi \vec{e}_\phi + A_\zeta \vec{e}_\zeta$$

の係数が与えられているとき，$\vec{B} = \operatorname{curl} \vec{A}$ によって定義される反変ベクトル $\vec{B}$ の 3 つの成分を求めなさい．

8.7　同じことを球座標について繰り返しなさい．

8.8　円柱座標系の**単位ベクトル**に関して展開したときの共変ベクトル $\underline{A}$ が与えられているものと仮定します．$\vec{B} = \operatorname{curl} \underline{A}$ によって定義されるベクトル $\vec{B}$ の対応する成分を求めなさい (これがほとんどの教科書で「円柱座標において回転を求める」と呼んでいることです)．

8.9　円柱座標の計量の成分を求めなさい．

8.10　同じことを球座標について行いなさい．

第 9 章

エピローグ：
本書が向かうところ

9.1 いくつかの残された問題

　本書におけるベクトルとベクトル解析の提示は，最初からこの主題が単に幾何学的なだけでなく図形的であるという考えに基づいています．すなわち，3次元で平坦な空間の直感的によく知られた概念を通して対処することができます．しかし，その明らかに大きな力にもかかわらず，そのようなアプローチには限界があります．そのうち最も明白なのは私たちの動物園の結果としての制限です．具体的には，全ての量が図形的表現を受けやすいという要請は空間がある方向に圧縮されたときそれに対して比例して，反比例してまたは全く変化しないものに制限します．反変ベクトル密度は，例えば，横方向の圧縮に対して比例して大きくなります．そして，縦方向の圧縮では変化しません．したがって，それは束として表現することができます．反変ベクトル容量は，一方で，縦方向の圧縮の2乗に比例して小さくなる必要があります．そのような量を便利に表す図形的表現を描くのは困難なので，私たちの動物園からそれは除外されます．

第 9 章　エピローグ：　　　　本書が向かうところ

本章では，図形的取り扱いが課す他のいくつかの制限について簡単に検討し，それらを是正するためにとられる可能性のある指示について述べます．

9.2　次元の数

これまでは本書では，私たちの直感が最もよく働くものとして正確に 3 次元空間に制限してきました．しかし，私たちが知っているように，次元数が異なる物理的に重要な応用が存在します．

まず，たった 2 つだけの次元の場合を見てみましょう．これはすでに驚くほど得体の知れないものです．積層の図形的描像は，例えば，いま束の図形的描像に大変良く似ています．それらは，束の方向矢頭が直線群に沿って指すのに対し，積層は直線群を**横切**って指す点のみが異なります．同じような状況が矢印と押さえに関して存在します．束は新しい種類の右手の規則の助けにより (定規や分度器を使わずに) トポロジー的に積層に変換することができます．例えば，積層の方向は常に等価な束から**時計回り**にあるということができます (当然，矢印と押さえの対も同様に扱うことができます)．

クロス積の概念も根本的に変更されます．というのも 1 対の矢印 (または積層) の 2 次元クロス積がベクトルではなく，**スカラー容量** (または**密度**) になるからです．

2 次元の場合に本書の方法で処理できた問題の，3 より大きい次元の場合は，立体図形を描くことができないというより基本的な問題に直面します (もちろんここでいう "立体図形" は実際には 2 次元です．しかし，1.7 節でふれたように 2 次元的な図形を通して 3 次元空間を理解する能力は，私たちの直感に組み込まれています．何故ならおそらく，外界を知覚する主要な道具である網膜それ自体が 2 次元的だからです．)．その結果，3 より高い次元を調べようとするいかなる試みも，馴染みのあるものからないものを推論するという私たちの心の能力に頼ることになり，それゆえ根本的に抽象度が高くなります．

例えばクロス積を再び考えてみましょう．一般に，クロス積の成分は式 (7.3.5) のように因子の成分の対の反対称積として形成されます．しかし，N

次元ではベクトルの反対称成分対の個数は $\frac{1}{2}N(N-1)$ になり，これが N になるのは $N=3$ の場合だけです．これが，3次元で2つのベクトルのクロス積がそれ自体でベクトルとして表すことができる理由です．しかし，例えば $N=4$ に進むとすぐにクロス積の成分の個数は6個に飛び，私たちが今まで遭遇したことない対象に直面します．

もちろん言うまでもなく，3次元の場合に分かった多くのものが引き続き N 次元にも適用されます．しかしながらそのような場合でも，ここでの表記法ははるかに注意する必要があります．

9.3　曲がった空間

第8章の方法は，一般の座標系におけるラプラシアンの計算のような複雑な演算を実行することを可能にし，任意の系をデカルト座標成分におけるその基底で表すことによって定義することができることに依存しました．しかし，そのようなアプローチは根底にデカルト座標を含む空間，つまり平坦な空間の場合のみうまく機能します．

私たちの心が3次元の曲がった空間を想像することは，実際，大変困難です．一方，平坦な3次元空間に「埋め込まれている」という条件で2次元の曲がった空間を考えるのははるかに簡単です．例えば，球体の表面をなす2次元曲面である球面のように．読者が慣れ親しんだ球面極座標 $\{\theta, \phi\}$ を使用し，この球面の半径を1にとると，(この曲面上の)2つの隣接点の間の距離の2乗は

$$ds^2 = d\theta^2 + \sin^2\theta d\phi^2 \tag{9.3.1}$$

となります．しかし，式 (9.3.1) の係数を1にし，いかなる交差項も持たないようにする新しい座標の対 $\{\theta', \phi'\}$，——それは言い換えればデカルト座標ですが——を求めることは不可能であることが分かります．これは曲がった空間の場合，いままでの測定方法を全体的に改める必要があることを意味します．

9.4 不定計量

　実際にあまりにも慣れ親しんでいるために容易く言い及ぶことを忘れるかもしれない私たちの直感の中にある空間のよく知られた特性の 1 つに，式 (8.7.3) によって形式的に表された 2 つの隣接点の間の距離の 2 乗が必ず正であるというものがあります．しかし，4 次元空間のもっともよく知られた例である，時間が 4 番目の次元として導入される特殊相対論のものはこの要請を満たしません．よく知られているように，時空間隔の不変な 2 乗は表式

$$ds^2 = dx^2 + dy^2 + dz^2 - c^2 dt^2 \tag{9.4.1}$$

(あるいはおそらく，これ全体に負号を掛けたもの) によって与えられます．ds^2 は「時間的(タイムライク)」と逆負号の「空間的(スペースライク)」の間隔を取ることが分かります．同じ光の閃光の放出と検知を定義する 2 つの点 (「事象」) の間の間隔は，それらが空間内 (そしてもちろん時間においても) でどれだけ離れていても 0 になります．

　この場合，根底にあるデカルト座標系に最も近いのは，4 つの反変ベクトル基底のうち，1 つが，自分自身とのドット積をとったとき，+1 の代わりに -1 を生成するものであり，それは長さが純虚数であることを意味します．そのような系が「デカルト座標系」として記述されるかどうかは，もちろん定義の問題です．しかしながら，それは確かに私たちの直感にある慣れ親しんだ空間からかけ離れています．したがってここでも，本書で今まで用いてきたアプローチは大幅に修正する必要があります．

　また，第 4 の次元として時間を導入すると，もはや時間微分がその変換特性において乗法的なスカラーパラメータと見なすことはできません．この点について述べるのは有意義です．このような変更の結果は，「自然に相対論的な」，マクスウェル方程式のような物理法則において最も顕著です．特に，8.2 節で作成したような 3 次元ベクトルの型の割り当てはもはや機能しませんが，式 (8.2.1-4) がトポロジー的に不変である，——すなわち，それらは一般座標変換の下でそれらの形を保持する——という結論は有効性を保ち続けるということが分かります．

9.5　テンソル解析の性質

　事実は，8.7 節がすでに示唆しているように，デカルト座標系に変換する必要はなく，計量の成分 g_{ij} から直接その情報を受け取る，測定の問題を扱うための別の方法が存在ということです．それはしかし，図形的定式化とは異なるものを開発する必要があります．そのような定式化は，基底ベクトルがほとんど言及されない手法に関連する目もくらむようなエレガントな表記法を用いる，**テンソル解析**と呼ばれる数学の分野によって提供されます．

　テンソル解析が単なるベクトル解析の拡張であると誤解してはいけません．何故なら，たとえ密接した数学的世界が扱われていても，2 つの形式の基本的なアプローチは根本的に異なるからです．本書で繰り返し見てきたように，ベクトル解析は，座標系や成分に無関係に指定できる幾何学的量の特性に重点を置いています．それに対してテンソル解析の精神は**主に成分について話すこと**であり，「根底をなす幾何学的対象それ自体」は陰に隠れてしまう傾向があります．テンソル量の間の関係が空間のゆがみと独立であるという事実はすると，成分の使用を回避することによってではなく，成分間の対応関係が**一般座標変換の下でその形を保持する**ということを実証することによって慣例的に示されます．その結果，テンソル解析は，依然として深く幾何学的ではありますが，別段に図形的ではありません．

　この新しい定式化では，矢印や束などの役割は，**テンソル**と呼ばれる数多くの種類の量によって行われます．それらには，例えば，共変ベクトル**容量** (私たちの古友である押さえ) だけでなく，共変ベクトル**密度** (単純な図形的描像が存在しない) も含まれます．さらに，ベクトル成分は，空間次元に渡る範囲を持つ単一の添字によって番号付けされますが，テンソル成分は同じ範囲を持ついくつの添字でも持つことができます．各添字は**共変** (下付き添字で書かれる) または**反変** (上付き添字で書かれる) のいずれでも取ることができます．テンソル解析の舞台にはいくつかの役者が存在し，それらのなかには似たような下付き添字や上付き添字を持っていも実際にはテンソルではないものも含まれていることも触れておくべきでしょう．

9.6 結論

全てが述べられて行なわれたとき，図形的なアプローチの欠点に関する前述した項目は，学習に終わりがないということを示しているだけのものではありません．結局のところ，本書の冒頭で設定した目標は，私たちが住んでいると思っている「通常の」3次元ユークリッド空間に対する私たちの慣れを利用することによってベクトルの理解を追及することであり，これが本書で行ってきたことでした．その過程において，ベクトルとベクトル演算の全体的な性質が明らかになり，より古典的なアプローチに固有の多くのあいまいな点が崩れました．その意味で，当初の目標は達成されました．

残りの部分については，もちろん，常にそれ以上のものがありますが，読者がその追及に最善を尽くすことを私は願っています．

訳者あとがき

　本書はベクトルの内積(ドット積),外積(クロス積)を含むベクトル解析の分野を,"完全に視覚的図形"によって扱う方法を示した,ほぼ世界唯一の本になります.その結果,場の視覚的イメージを力線という絵的な図形で理解したファラデーの理解力を,様々な物理学における諸量に対して完全に絵的図形で表された数学的対応物に関連付けることにより,それらを数学的に洗練された抽象的な概念に橋渡しすることに成功しています.逆にいえば,本書を読まぬ限り,ベクトル解析の物理的イメージと,そこで使用される抽象的な数学との間に存在する大きな齟齬を埋めることはかなり困難であると言えるでしょう.

　物理学や数学の教育現場や専門書,論文等の世界では,ご存知のように伝統的にとかく論理の完全性や,数式変形によって示す手法ばかりが尊重され,絵的なイメージを重視した書籍などはあまり学問的ではなく,大して価値がないものと軽視される傾向が強く,この傾向は現在もなお続いています.

　しかし,ファイマンダイアグラムや力線の概念のように,絵や図で表された物理的概念は単に思考の補助としてのみならず,空間内で起こる何らかの物理的現象と本質的な関連性があり,決して学問的にも無視できるものではないはずでしょう.本書は最初の段落で述べた通り,極めて視覚的かつ絵的な内容に富んだベクトル解析の分野において,原著者自らが独自の視点で,ベクトル解析が本来持つ絵的な概念をほぼそのまま視覚的に理解するという手法によって記述された稀有の数学書になります.

　本書は比較的ページ数の少ない本ですし,各ページを見開いてみても,比較的易しい数式しか現れないように見えるかも知れません.しかし,本書は決して"幼稚な"本ではありません.本書では,普通の意味でも高校では習わない,軸性スカラーなどの軸性量が現れるし,少なくとも反変ベクトルや

共変ベクトルといった，一般相対論やテンソル解析で現れるベクトル量が現れます．そしてこれらの量は曲がった空間でも同じ形で成り立つ演算を定義するために導入されます．

　通常，これらの量はテンソル解析と呼ばれる数学の分野で，幾何学的ではありますが，極めて抽象的に導入されます．本書はそれとは逆に高度に絵的・図形的に導入されます．そしてそれはやはり幾何学的でもあります．本書がこのように絵的なアプローチをとった結果，単に幾何学的なだけでなく，高度に絵的な立体図形が沢山現れますので，通常のほとんど数式だけの数学書に慣れ切った私 (=訳者) のような人間には慣れるまで少し戸惑うこともありました．本書には数多くの図が使用されていますが，紙面の都合上，必ずしも十分ではありません．読者は，本書をゆっくり咀嚼しながら読み，図や絵をたくさん描いて試してみることをお勧めします．

　実は本書の翻訳には，訳語の割り当ても含めて，訳者の私にとってかなりの苦労がありました．例えば英単語の "sense" という単語は，そのまま訳せば「感じ」位の意味でしょうが，原書ではベクトルの方向性が軸性か極性かの「感じ」などを表すために使用されています．そこで本書では「方向属性」という訳語を当てはめることにしました．また，単語 "flavor" も，通常は「香り」を表しますが，原書ではベクトルの種類が反変か共変かなどの区別を表すために用いられています (クォークのフレーバーとは無関係です)．これについては単に (ベクトルの) "型" としました．このように原著者は直感的なイメージに訴えるために，優れた言い回しを使用していますが，翻訳する際には分かり易さを最優先する方針をとりました．このため，原書の文体の持つ独特の風格などは必ずしもうまく再現できたとは言えませんが，こと分かり易さに関しては原書と遜色ないレベルになったものと期待しております．

　さて，本書の原著者である，ガブリエル・ワインライヒ氏はミシガン大学の物理学の名誉教授で，長年バイオリンなどの弦楽器に関する音響理論などについて研究し，数々の賞を受賞されています．特に音響減衰と音響電気効果との間の関係には氏の名前をとった『ワインライヒ効果』とい

うものがあります．また氏の代表作として，『SOLIDS: ELEMENTARY THEORY FOR ADVANCED STUDENTS』(固体：上級学生のための基礎理論)『FUNDAMENTAL THERMODYNAMICS』(基礎熱力学)『NOTES FOR GENERAL PHYSICS』(一般物理学講義)(いずれも未邦訳) などの本があります．これらの経歴から推察するに，氏は音響工学等の優れた研究と学生への講義を通して，通常の専門書などで見落とされがちな，ベクトル解析の直観的手法についてのアイデアを温めていたのかもしれません．本書の後半，第7章では邦訳版の本書で『大代数化規則』と呼んだ実にエレガントなトポロジー的不変性を代数的に定式化した公式が現れます．また第8章ではマクスウェル方程式に現れる諸量が自然に本書で定義したそれぞれの型のベクトル(あるいはスカラー密度など)として解釈されます．本書を読むことにより，場などについてのビジュアル的理解力が深まり，専門の過程に進まれた際などに役立つことを訳者としても望んでいます．

訳者

2017 年 5 月

索引

C
curl .... → 回転 (curl)

D
div .... → 発散 (div)

G
grad .... → 勾配 (grad)

R
rot .... → 回転 (curl)

あ
圧力 112
エネルギー 35
円柱座標系 . 17, 80–82, 107–108, 112, 113
エントロピー 35
押さえ 28–29, 37–39, 52–54

か
回転 (curl) 3–4, 61–64
　　　勾配の 63
　　　――の逆演算 67–68
　　　――の計算 92–94
　　　――の発散 65
ガウスの発散定理 65–67
加速度 14
間隔 .... → 距離
基準系 .... → 座標系
擬スカラー .... → 軸性スカラー
基底 72, 85
　　　押さえ 73, 86–87
　　　スカラー密度 74–75
　　　スカラー容量 74–75
　　　積層 73, 77–78, 87

束 73, 87
変換 103–106
矢印 73, 76–77, 87
球座標系 78–80, 85, 112, 113
「共変」vs「反変」 50–54
共変ベクトル .... → 積層
共変ベクトル容量 .... → 押さえ
行列式 89, 111
極性 .... → 方向属性
距離 110, 117–118
クロス積 1, 3, 27–32, 52, 88–90, 116
　　　押さえと積層 47–48
　　　積層と積層 36–37
　　　矢印と束 46–47
　　　矢印と矢印 28–29
クロネッカーのデルタ 78
計量 110–111, 113, 118
結合法則 20, 29
交換法則 20, 29
構成的関係 100–101
勾配 (grad) 3, 59–60
　　　――の回転 63
　　　――の逆演算 67
　　　――の計算 91–92
古典的アプローチ 2–4, 6–8, 28, 68
根底をなすデカルト座標系 101–103

さ
座標系 5, 71–74
座標系の回転 6–7
座標変換 vs 系のゆがみ 9–10, 74–75
3重クロス積 97
3重スカラー積 56, 89, 96
時間 6, 14, 118
軸性 .... → 方向属性
軸性スカラー 34–36, 41

垂直なベクトル 15, 18–19, 28
スカラー積 ... → ドット積，3 重スカラー積
スカラー密度 49–52
スカラー容量 50–52
スケール因子 109
スケールの変更 6–10
ストークスの定理 63–64
正規直交性 78, 87, 96
成分 5, 74, 85–86
　　基底ベクトルの—— 79
積層 14–16, 51
"洗濯物を掛ける" 構成法 67
線と面の方向 15, 29, 51, 101
　　——の間の変換 15, 43–45, 101
相対論 1, 118
速度 6, 14, 112

た

束 36–40, 52–54
単位セル 71–74
単位ベクトル 81, 86, 109, 113
直交座標系 82, 86, 107–110, 112
デカルト座標系 2, 17, 78–80, (次も参照) →
　　根底をなすデカルト座標系
電荷 11, 70
電磁場 100–101
テンソル解析 119
電場 7–9, 11, 16, 24, 70
伝播ベクトル 24
動径ベクトル 9, 77
動物園 (表) 51
ドット積 3, 88
　　押さえと束 48–49
　　押さえと矢印 49–50
　　積層と束 49
　　積層と矢印 22–24, 78
トポロジー的不変性 .. 4, 10–11, 17–19, 22,
　　43–45, 79, 99–101, 119

な

ナブラ演算子 106–107

は

場 9, 57–59
発散 (div) 3, 64–67
　　回転の—— 65
　　——の逆演算 68

——の計算 94–96
反射 30–32, 40
反変ベクトル .... → 矢印
反変ベクトル密度 .... → 束
左手系 91, 96, 97
分配法則 20, 24, 29
平行四辺形の法則 2, 19–22
平行なベクトル 17–19
ベクトル積 ..... → クロス積，3 重クロス積
ベクトルの積
　　スカラー倍 2, 19, 37
　　スカラー密度またはスカラー容量との積
　　　54–55
ベクトルの表記法 22, 28, 37
ベクトルの和 2
　　押さえ 38–39
　　積層 20–21, 24
　　束 39–40
　　矢印 19
変位 13–14, 17
方向属性 29–34, 40
　　基底の—— 90–91
方向の型 .... → 線と面の向き
保存場 70
ポテンシャルの差 7–8, 11

ま

曲がった空間 1, 117
マクスウェル方程式 100–101, 118
右手系 91, 96, 97
右手の規則 3, 29–32, 34, 37, 40, 46
模式図の大きさ 16–17, 57–59

や

矢印 13–14, 19–20
ユークリッド空間 1–2

ら

ラプラシアン 105–106, 109, 112, 117
流体力学 112
連続の式 112

●訳者略歴

富岡 竜太（とみおか りゅうた）

1974年　神奈川県生まれ．
1998年　東京理科大学理学部応用数学科卒業．
2000年　筑波大学大学院数学研究科博士前期課程中途退学．
著　書　『あきらめない一般相対論』
訳　書　『MaRu-WaKaRi サイエンティフィックシリーズⅠ 場の量子論』
　　　　『MaRu-WaKaRi サイエンティフィックシリーズⅡ 相対性理論』
　　　　（共にプレアデス出版）

幾何学的ベクトル
―反変ベクトルと共変ベクトルの図形的理解―

2017年7月25日　第1版第1刷発行

訳　者　富岡　竜太
発行者　麻畑　仁
発行所　㈲プレアデス出版
　　　　〒399-8301　長野県安曇野市穂高有明7345-187
　　　　TEL 0263-31-5023　FAX 0263-31-5024
　　　　http://www.pleiades-publishing.co.jp
装　丁　松岡　徹
印刷所　亜細亜印刷株式会社
製本所　株式会社渋谷文泉閣

落丁・乱丁本はお取り替えいたします．定価はカバーに表示してあります．
ISBN978-4-903814-83-4　C3041　　Printed in Japan